CB080285

"CRISE AMBIENTAL" E OS NEGÓCIOS DO CLIMA

Uma perspectiva crítica-popular

ANDREI CORNETTA

"CRISE AMBIENTAL" E OS NEGÓCIOS DO CLIMA

Uma perspectiva crítica-popular

1ª edição

EXPRESSÃO POPULAR

São Paulo • 2025

Copyright © Andrei Cornetta
Copyright © 2025, by Editora Expressão Popular Ltda.

Produção editorial: Miguel Yoshida
Preparação de texto: Miguel Yoshida
Revisão: Lia Urbini e Marcos Visnadi
Projeto gráfico e diagramação: Zap Design
Capa: Rafael Stédile
Impressão e acabamento: Printi

Dados Internacionais de Catalogação na Publicação (CIP)

C816c Cornetta, Andrei
"Crise ambiental" e os negócios do clima: uma perspectiva crítica-popular / Andrei Cornetta.--1.ed.-- São Paulo : Expressão Popular, 2025.
224 p.

ISBN 978-65-5891-172-2

1. Meio Ambiente. 2. Geopolítica ambiental. 3. MST e questão ambiental. 4. Crise climática. I. Título.

CDU 577.4

Bibliotecária: Eliane Maria da Silva Jovanovich - CRB 9/1250

Todos os direitos reservados.
Nenhuma parte deste livro pode ser utilizada
ou reproduzida sem a autorização da editora.

1ª edição: maio de 2025

EXPRESSÃO POPULAR
Alameda Nothmann, 806, Campos Elíseos
CEP 01216-001 – São Paulo – SP
atendimento@expressaopopular.com.br
www.expressaopopular.com.br
ed.expressaopopular
editoraexpressaopopular

MISTO
Papel | Apoiando o manejo florestal responsável
FSC® C196274

SUMÁRIO

INTRODUÇÃO

É possível considerar que o ano de 2024 consolidou-se como um marco na história contemporânea, evidenciando a intensificação e a frequência de eventos climáticos extremos em escala global, além de ser o mais quente já registrado – cerca de 1,55 °C acima dos níveis pré-industriais, segundo a Organização Meteorológica Mundial (OMM) (World Meteorological Organization, 2025).

Eventos extremos – como furacões de intensidade sem precedentes, ondas de calor devastadoras, enchentes e secas prolongadas – expuseram os limites de um modelo econômico-político movido pela acumulação sem fim, cuja manifestação de suas contradições aparecem não apenas nos prejuízos econômicos de toda a ordem, mas sobretudo nas milhares de vidas perdidas e impactadas em diferentes partes do mundo.

As regiões mais afetadas naquele ano estão no continente africano e no Sul da Ásia, onde inundações e deslizamentos de terra causaram milhares de mortes e desabrigados. No Sahel, enchentes fluviais deslocaram milhões de pessoas e agravaram a insegurança alimentar, enquanto no Sul da África, a seca reduziu a produção agrícola pela metade, acentuando drasticamente a escassez de alimentos. Entre março e setembro de 2024, chuvas intensas durante a monção causaram inundações generalizadas no Afeganistão e no Paquistão. No Afeganistão, 23 províncias rurais foram afetadas, enquanto no Paquistão e na Índia, as chuvas sobrecarregaram sistemas de drenagem em grandes cidades.[1]

No Brasil, os impactos foram igualmente dramáticos. O Rio Grande do Sul enfrentou enchentes históricas que submergiram cidades inteiras e produções agrícolas (Emater RS, 2024), causando centenas de mortes e deixando 1,4 milhão de pessoas em situação de vulnerabilidade (Ferreira, 2024). Poucos meses depois, a Amazônia e o Pantanal enfrentaram secas históricas, acentuadas pelas queimadas criminosas que se alastraram por todo o Centro-Norte do país (Nascimento, 2024).

Na Europa, o estresse térmico tem sido responsável pela perda de 175 mil vidas por ano, como apontam dados da Organização Mundial da Saúde (OMS). Segundo a Organização, a Europa figura como a região do mundo em que o aumento da temperatura se mostra mais rápido, em um ritmo duas vezes maior do que a taxa mundial (Organização das Nações Unidas, 2024). Nos Estados Unidos, os incêndios que ocorrem em regiões como no Sul da Califórnia, particularmente os associados aos biomas inflamáveis, como o Chaparral, foram acentuados no ano de 2025 pelo aumento das temperaturas no hemisfério Norte – cerca de 180 mil pessoas atingidas pelos incêndios tiveram que deixar as suas casas (Qiu *et al.*, 2025).

Não obstante, é preciso enfatizar que a compreensão e a atuação sobre tais eventos extremos, como resultado restrito do "aquecimento global" ou de "desastres naturais", conforme frequentemente reportado pela mídia, introduzem camadas de riscos à questão, sobretudo os riscos políticos e sociais.

Embora seja evidente que as mudanças climáticas globais desempenham um papel significativo na intensificação de fenômenos atmosféricos em escalas regional ou local (World Meteorological Organization, 2024), é crucial reconhecer que esses eventos estão

---

1 O relatório Global Water Monitor aponta que os eventos climáticos extremos de 2024 geraram a perda de mais de 8.700 vidas, 40 milhões de pessoas deslocadas, contabilizando prejuízos superiores a 500 bilhões de dólares em todo o mundo (Van Dijk *et al.*, 2025).

intrinsecamente ligados a contextos históricos e geográficos específicos. Isso significa que tragédias humanitárias como a perda de vidas ou o aumento do número de refugiados climáticos não podem ser dissociadas das particularidades históricas e geográficas que moldam a relação entre clima, economia e política.

No capitalismo contemporâneo, a "maligna interação entre os processos climáticos e econômicos", como Davis (2002) olhou para o século XIX,[2] ganha novos contornos, não apenas em razão de suas proporções destrutivas, mas também pela maneira como as decisões sobre o tema estão sendo tomadas. As iniciativas que se colocam diante das mudanças climáticas passam, em grande medida, pelo empenho de alinhar mecanismos econômicos com metas ambientais.

No entanto, o que se tem observado nas duas primeiras décadas do século XXI – recorte histórico deste livro – é que tais ações frequentemente transferem o ônus para as regiões mais vulneráveis, inclusive, e justamente por isso, para aquelas mais afetadas pelos efeitos das mudanças climáticas. Esse movimento, repetidamente, vem expondo quadros de injustiça climática, invariavelmente associadas ao racismo ambiental, em que grupos marginalizados – em geral comunidades negras, camponesas, indígenas e periféricas – são desproporcionalmente afetados pela degradação do ambiente, assim como pela exploração de seus territórios.

---

2 O trabalho de Mike Davis aprofunda de maneira crítica e minuciosa a análise sobre as relações entre clima e colonialismo na constituição de um "mundo tropical de fome". Em *Holocaustos coloniais*, Davis descreve que, nas últimas décadas do século XIX, período marcado por sucessivas oscilações atmosféricas, sobretudo pelos "poderosos conjuntos El Niño (1888-1889 e 1891-1892) e La Niña (1886-1887 e 1889-1890), bem como pelas perturbações do leste equatorial do Pacífico", ocorreram inúmeras enchentes e secas por todo o cinturão das monções tropicais. É neste mesmo período que o novo império lança seus braços nos países tropicais e submete suas economias à centralização de Londres. Conforme o autor relata, é neste período marcado por uma geografia de "terras de fome" que "milhares morreram, não fora do 'sistema mundial moderno', mas exatamente no processo da violenta incorporação nas estruturas econômicas e políticas desse sistema" (Davis, 2022, p. 127-220).

Paradoxalmente, neste contexto, muitos destes territórios começam a "servir", com suas florestas e sociobiodiversidade, como instrumentos para compensar as emissões de gases de efeito estufa (GEE) dos países industrializados há mais tempo. Essa dinâmica não apenas reforça meios de mercantilização da natureza, transformando-a em ativos negociáveis em mercados de carbono, como também estimula a criação de novos mecanismos de acumulação/despossessão.[3]

Acredita-se que a conciliação entre desenvolvimento econômico e a estabilidade climática, ou mesmo a "preservação dos recursos naturais", pode ser assegurada pela via do mercado financeiro e pelo emprego de soluções técnicas e burocráticas de controle territorial, como iremos expor ao longo do livro.

É possível dizer que, nas últimas duas décadas, as políticas internacionais voltadas para as mudanças climáticas se tornaram mais bem delineadas, fomentando uma série de arranjos econômicos que ganham crescente relevância em políticas públicas, programas governamentais e, sobretudo, em estratégias financeiras empresariais. Essas iniciativas, frequentemente associadas à ideia de uma "economia de baixa emissão de carbono", propõem-se a mitigar os efeitos adversos das emissões de GEE, responsáveis pelo aumento da temperatura global[4] e pelas decorrentes "catástrofes climáticas".

---

3 Ao longo do livro, essa discussão se fundamenta em Harvey (2004) e Luxemburgo (1984), que demonstram como os mecanismos da acumulação primitiva persistem no capitalismo como solução (temporária) para crises de sobreacumulação – isto é, excedentes de capital e trabalho sem aplicação lucrativa. Esses mecanismos liberam ativos (recursos, terras e força de trabalho) a baixo custo, permitindo que o capital excedente os incorpore de forma rentável. Como destaca Harvey, a acumulação por despossessão atua como "válvula de escape" ao converter bens comuns em mercadorias (Harvey, 2004, p. 124).

4 Segundo o Painel Intergovernamental de Mudanças Climáticas (IPCC), a temperatura média do planeta aumentou 0,76 °C entre 1850 e 2005. A perspectiva é de que a temperatura poderá aumentar até 4,8 °C ao longo do século XXI, caso as emissões de GEE continuem seguindo as taxas atuais ao longo dos próximos anos (IPCC, 2013).

Todas estas questões, consideradas como "ambientais", ao menos desde os anos 1970, vêm dando margem a especulações sobre o futuro do planeta, originando o surgimento de uma série de políticas e mecanismos de mercado que têm o propósito de atenuar os inúmeros efeitos adversos da produção capitalista sobre o ambiente. No entanto, este processo ganha força somente a partir da década de 1990, em um contexto de superurbanização (Davis, 2011), e associado à flexibilização e à globalização da economia capitalista (Harvey, 1992; 2004a, Santos, 1998; 2000; Sassen, 2016). Sob essas condições, a crise ambiental – expressão da crise estrutural do capital (Mészáros, 2009) – foi obscurecida pelo fetiche do "capitalismo verde", e a conservação da natureza foi definitivamente transformada em uma mercadoria (Matheus; Cornetta, 2018).

A questão climática atual é emblemática neste sentido, sobretudo em função dos prejuízos econômicos e pelas transformações que tal evento vem impulsionando nas diversas partes do mundo. Como mencionado, os desdobramentos econômicos que surgem no contexto das mudanças do clima são inúmeros e não exclusivos àqueles que incidem diretamente na superfície terrestre, produzindo uma nova geografia do uso do solo, além dos mais variados e complexos riscos socioambientais. Surgem, ainda, os desdobramentos – aparentemente indiretos – que são próprios aos mecanismos de mercado direcionados às estratégias de mitigação de GEE, cujo funcionamento está atrelado às chamadas "externalidades ambientais"[5] e inserido em uma lógica financeirizada da economia.

Em um contexto marcado pela crescente criação de raridades e escassez (e tudo o que é anunciado como catastrófico a partir daí), as florestas e a sociobiodiversidade adquirem novos significados e

[5] Externalidade ambiental pode ser todo efeito colateral, positivo ou negativo, decorrente de atividades econômicas que afetam terceiros sem que estes tenham sido compensados ou cobrados por isso. Esses efeitos não são refletidos nos preços de mercado, o que pode levar a falhas de alocação de recursos e a impactos ambientais não desejados ("deseconomias externas"), como poluição, degradação de ecossistemas ou esgotamento de recursos naturais (Sandroni, 1999, p. 193; 506)

valores de troca, criando possibilidades de acumulação de capital, ao mesmo tempo em que porosidades territoriais são abertas aos interesses distantes. Dentro desta mesma orientação político-econômica, setores da agricultura científica globalizada (Santos, 2000) se apropriam de inovações que inspiram uma capacidade de gerar algo distinto dentro daquilo que se concebe como "rendas tecnológicas" (Mandel, 1982).

Para sustentar e aprofundar a análise sobre este contexto, a discussão desenvolvida ao longo dos próximos capítulos é pautada por alguns questionamentos fundamentais: como a economia de baixo carbono e a internalização de externalidades ambientais, por meio de iniciativas compensatórias, reconfiguram, em certa medida, as dinâmicas de acumulação do capital frente às mudanças climáticas? Neste contexto, como a produção da natureza se torna uma estratégia de acumulação de capital, sobretudo quando consideramos as ressignificações econômicas da floresta ou das "sobras da produção"? No plano das políticas internacionais, questiona-se de que maneira as diretrizes criadas nos fóruns sobre mudanças climáticas influem nas políticas territoriais e econômicas dos países, em especial no Brasil. Em uma escala mais detalhada, a questão que surge é sobre os desdobramentos territoriais da implementação de projetos de compensação de emissões de GEE, a exemplo dos que envolvem o carbono florestal e as inovações tecnológicas absorvidas por setores da agricultura capitalista. Por fim, questiona-se como os movimentos sociais, particularmente o MST, têm respondido à "crise ambiental" por meio de uma territorialidade que integra a luta pela terra e estratégias de reprodução social, distanciando-se da lógica imposta pelo capital?

A partir dessas reflexões, este livro busca oferecer, de maneira fundamental, uma leitura sobre as relações entre as mudanças climáticas e a crise do capital. Para isso, propomos uma análise que se situa em uma perspectiva crítica-popular, articulando conceitos como "acumulação por despossessão", "desenvolvimento geográfico desigual", "produção da natureza" e "ruptura metabólica" ao diálogo com as pautas históricas dos movimentos sociais, em especial aqueles que lutam pela terra e pelos bens comuns.

Essa abordagem não só evidencia a centralidade das lutas populares no questionamento e na construção de alternativas à chamada "crise ambiental" – expressando um sociometabolismo não capitalista –, mas também as coloca como parte fundamental para entender o modelo de sociedade hegemônico. Em suma, espera-se que este livro contribua para um debate urgente e necessário sobre os desafios das mudanças climáticas no contexto do capitalismo contemporâneo.

Sobre a economia de baixo carbono e seu funcionamento

De modo geral, a economia de baixo carbono pode ser compreendida como um elemento da chamada "economia verde" especificamente voltado às mudanças climáticas e, em particular, para a redução das emissões de gases de efeito estufa (GEE) na atmosfera. No entendimento do Programa das Nações Unidas para o Desenvolvimento (Pnuma), "a economia verde é definida como de baixo carbono, eficiente no uso de recursos e socialmente inclusiva [...], impulsionada por investimentos públicos e privados que reduzem as emissões de carbono e poluição e aumentam a eficiência energética e o uso de recursos" (Pnuma, 2011, p. 9). Observa-se que os elementos que fundamentam essa compreensão são os mesmos, ou muito semelhantes, aos que definem o conceito de "desenvolvimento sustentável".[6] Nessa perspectiva, os problemas ambientais seriam solucionados por meio do progresso técnico, que, aliado à eficiência tecnológica e aos mecanismos de mercado, buscaria enfrentar as diversas formas de degradação que se acumulam no mundo.

No transcorrer do livro, esses aspectos serão detalhados e identificados como parte de um pensamento dominante, que permeia não apenas os fóruns internacionais, mas também as grandes corporações e as políticas públicas, as quais buscam uma almejada "reestruturação ambiental" por meio de inovações tecnológicas aliadas aos mecanismos compensatórios financeirizados.

---

6 Para uma leitura crítica a este respeito, ver Porto-Gonçalves (2006).

Estes, de maneira elementar, funcionam com base no princípio do "poluidor-pagador", cujo fundamento teórico encontra-se no referido conceito de "externalidade". Este conceito, tal como foi definido pela Economia Política neoclássica, prevê que as "externalidades negativas", a exemplo das emissões de gases poluentes na atmosfera, sejam "internalizadas" pelo mercado, tanto pela via estatal, por meio de taxações ao poluidor, quanto pela via do mercado, por meio de atividades compensatórias transacionadas no futuro.

Trata-se de um princípio normativo de caráter econômico, justamente por imputar ao poluidor os custos decorrentes da atividade poluidora. Este princípio, considerado nos debates internacionais sobre meio ambiente desde 1972, precisamente a partir das diretrizes da Conferência de Estocolmo, foi adotado primeiro pelos Estados-membros da comunidade europeia, ganhando espaço progressivamente na legislação de outros países. No Brasil, o princípio do poluidor-pagador está previsto desde 1981 na Política Nacional do Meio Ambiente que, anos mais tarde, seria recepcionada pela Constituição Federal de 1988.

No entanto, verifica-se que, a partir das regulações jurídicas aplicadas ao referido princípio e sua decorrente expressão econômica, uma nova dinâmica de mercadorias emerge a partir das descargas indesejáveis do sistema produtivo. Surgem, assim, mercadorias distintas no contexto das mudanças climáticas, ou daquilo que se entende por "crise ambiental".

Contudo, pode-se dizer que estas possuem componentes que se complementam enquanto novos canais de acumulação: por um lado, as externalidades ambientais, particularmente as emissões históricas de GEE, e, por outro, os mecanismos compensatórios, orientados pela racionalidade tecno-científico-informacional (Santos, 1998; 2004) e conduzidos pela financeirização da economia mundial (Chesnais, 1998; 2005; Paulani, 2010; 2016).

Para a efetivação deste movimento, foram criadas uma série de normativas e recursos de metrificação do carbono[7] dentro dos

[7] Uma análise mais completa sobre este tema pode ser encontrada em: Moreno *et al.* (2016).

diferentes processos produtivos e usos do solo, considerando-se tanto a taxa de emissão quanto às possibilidades de redução, estocagem e compensação. Dentre os métodos que fazem parte do conjunto de medidas para se traçar panoramas de compensação de emissões estão a linha de base (*baseline*), os cenários de emissões, os cenários de concentrações de gases de efeito estufa (*Representative Concentration Pathways*, os chamados "RCPs"), entre outros, que operam, invariavelmente, com situações hipotéticas a partir de uma parametrização de cenários futuros.

Neste contexto, as atividades compensatórias de carbono são consideradas válidas quando há comprovação da redução (ou compensação) de GEE resultante da implementação do projeto. Essa comprovação envolve uma análise técnico-burocrática que demonstra como a atividade em questão reduz as emissões, comparando-a com um cenário provável que existiria caso o projeto não fosse executado.

Para que essas atividades possam validar os créditos de carbono que alegam gerar, é essencial definir a referida "linha de base" e adotar uma metodologia de monitoramento para verificar o cumprimento das metas de redução de emissões ou de armazenamento de carbono. Este princípio, estabelecido no Artigo 44 do Protocolo de Kyoto, serve como parâmetro quantitativo para calcular os créditos de carbono. Trata-se de uma emulação de emissões que ocorreria caso a atividade estivesse desvinculada dos mecanismos de compensação. Uma vez comprovada a redução de emissões, por meio da aplicação dos procedimentos necessários – especialmente a linha de base e o monitoramento das emissões –, a atividade é classificada como "adicional", permitindo que a empresa envolvida inicie o procedimento de certificação das reduções de GEE que o projeto afirma alcançar.

O funcionamento desta organização encontra respaldo no chamado "sistema *cap-and-trade*", isto é, na medida em que se estabelecem limites máximos de emissões (*cap*), a demanda por compensações é criada para aqueles que ultrapassam os limites definidos. Paralelamente, o sistema permite a comercialização dos "direitos de emissão" em mercados especializados (*trade*), incentivando o cumprimento das metas por meio da compra e venda desses créditos. Em essência, o mecanismo transforma o "direito de poluir" em uma mercadoria, internalizando economicamente descargas ambientais que, até então, eram tratadas como resíduos indesejáveis (esses não valores) no processo produtivo.

Sobre os capítulos

As mudanças climáticas envolvem inúmeras variáveis, desde seu reconhecimento como um fenômeno global de tendência ao aquecimento até seus impactos na superfície terrestre e as possíveis soluções para mitigá-los. Entretanto, o que se pretende com este livro é um entendimento sobre as mudanças do clima a partir de uma abordagem que discute as inter-relações entre clima, economia e política, evidenciando a "crise ambiental" como expressão da crise estrutural do capital.

Como fundamento para esta leitura, o primeiro capítulo apresenta uma reflexão sobre a formação do valor das mercadorias que surgem como respostas às externalidades negativas, em particular as emissões de GEE. Discute-se como a internalização de externalidades abre caminho para novas formas de organização produtiva e inovação tecnológica, especialmente no que diz respeito à transição energética, ao reaproveitamento das sobras da produção, além da ressignificação econômica das florestas. Nesse último caso, o capítulo apresenta uma discussão sobre como as distintas temporalidades do trabalho – o passado intrínseco às áreas degradadas, o trabalho de recuperação florestal e as projeções que modelam as taxas de desmatamento futuro – se combinam na composição do valor dos chamados "serviços ambientais". Por fim, o capítulo explora como é possível extrair lucro de atividades que, aparentemente, têm um consumo "não produtivo", a exemplo dos projetos de carbono florestal.

No segundo capítulo, discute-se como os arranjos econômicos voltados para "mitigar" os impactos gerados pelas dinâmicas da acumulação do capital, representam particularidades no capitalismo contemporâneo, com desdobramentos específicos para o desenvolvimento geográfico desigual. Essas estratégias de mitigação refletem novas formas de produção da natureza, nas quais a compensação de externalidades ambientais se combina com a lógica da financeirização da economia. Esses elementos levam a uma transformação intensa e profunda na "natureza", redefinindo sua relação com a sociedade e o capital.

Além disso, o capítulo aborda a compreensão dos conceitos de natureza e produção no interior do pensamento crítico, não apenas como contribuição para a análise do desenvolvimento geográfico desigual (e suas especificidades no contexto das mudanças do clima), mas também para uma reflexão fundamental sobre a dicotomia entre sociedade e natureza. Como o capítulo prossegue em sua análise, a natureza, embora seja entendida como realidade intangível, que escapa à produção humana, é simultaneamente princípio abstrato e essência universal. Na contemporaneidade, contudo, ela vem sendo capturada por uma *desinteligência*[8] econômica, que a reduz à simples gestão de externalidades e à escassez de recursos,[9] transformando-a numa suposta 'natureza' inata, estática e passivamente controlável.

Para compreender os processos históricos que levaram à transformação da compensação de emissões de GEE em mercadorias dotadas de valor de uso específico, o terceiro capítulo examina como as mudanças climáticas vêm sendo reguladas pelos Estados, particularmente no âmbito das Nações Unidas (ONU). Sustentadas por um consenso hegemônico que entende as mudanças

---

8 O termo posto dessa maneira, para além de sua imediata compreensão como "oposto de inteligência" ou "a falta de", pode assumir melhor conotação em diversas de suas variantes: questão; choque, conflito, contrariedade, controvérsia, desajuste, dificuldade, disputa, litígio, pendência, pleito etc. Ao longo do livro esses diversos sentidos vão se revelando paulatinamente.

9 Sobre a contradição implícita na ideia de "recursos naturais", Milton Santos comenta, em entrevista dada a Odete Seabra, ao ser questionado acerca dos limites do planeta: "os recursos naturais [...] se são naturais não são recursos, e, para serem recursos, têm que ser sociais. Mas vá dizer isso! É um problema, porque às vezes a gente desmancha os meninos que vêm nos ver. Você diz uma verdade dessas e eles saem tristes, não é?" (Ver Santos *et. al.*, 2001).

do clima como um fenômeno que se desenvolve em escala global, e que tende ao aumento da temperatura média do planeta, as diretrizes que derivam dos fóruns internacionais sobre mudanças climáticas embasaram a criação de normativas que estruturam a chamada economia de baixo carbono.

A partir desta constatação, o capítulo explora a dimensão geopolítica das mudanças climáticas, com ênfase nos posicionamentos adotados pelo Brasil nas negociações internacionais e na incorporação desses acordos no contexto nacional. Em síntese, propõe-se uma análise crítica do que se convencionou chamar de "regime político das mudanças climáticas". Por fim, o texto levanta alguns questionamentos acerca da implementação de políticas metrológicas de contabilização de carbono, destacando como essas práticas se inserem em um cenário global marcado por estratégias territoriais competitivas.

Seguindo a trilha desta discussão, mas agora em uma escala mais detalhada, o capítulo quatro evidencia as maneiras pelas quais a economia de baixo carbono vem se desenvolvendo no campo brasileiro, em particular sobre os desdobramentos territoriais relacionado aos projetos florestais de carbono e as inovações incorporadas por setores da agricultura científica globalizada (Santos, 2000). Nos dois momentos, se discute como estes setores atuam e são tratados no contexto do regime político das mudanças climáticas, no sentido de compreender os movimentos políticos e econômicos que têm convertido terras agricultáveis e florestas em atrativos de investimento relacionados ao clima.

O capítulo divide-se em duas partes: a primeira examina a valoração das florestas por meio de projetos de compensação de GEE, como o REDD+ (Redução das Emissões por Desmatamento e Degradação Florestal), destacando como esses mecanismos atribuem novos significados econômicos à floresta, ao mesmo tempo que vêm gerando uma série de conflitos territoriais, sobretudo com aqueles grupos cujos modos de vida estão intrinsecamente relacionados à terra e à floresta. Em muitos casos, como apresentado no texto, identificam-se situações de reclusão territorial – uma espécie de "desterritorialização territorializada" –, na qual grupos sociais, sem necessariamente serem retirados de seus territórios, tornam-se apartados dele, ou ao menos de uma parte (Haesbaert, 2004).

Na segunda parte, apresenta-se uma análise sobre como a transição energética e as inovações tecnológicas são absorvidas pelo agronegócio.[10] Discute-se a incorporação de práticas como a cogeração de energia e o reaproveitamento de resíduos como formas de economia com capital constante, ao mesmo tempo que se abrem novos canais para a penetração do capital financeiro – um aspecto que reforça, em grande medida, a concentração de capital nas mãos de grandes corporações.

No quinto e último capítulo, Bárbara Loureiro, Camilo Augusto e Renata Menezes analisam como o Movimento dos Trabalhadores Rurais Sem Terra (MST) tem respondido à crise ambiental por meio de uma territorialidade que integra a luta pela terra a estratégias de reprodução diferenciadas da lógica capitalista. O capítulo examina criticamente como o debate ambiental no MST emergiu da própria resistência ao latifúndio e ao modelo predatório da agricultura capitalista. Os autores demonstram que, ao confrontar o modelo hegemônico de agricultura e os padrões dominantes de ocupação dos solos agricultáveis, o MST vem contribuindo para a construção de um modo distinto de produção do espaço rural brasileiro.

Diante da complexidade apresentada, surgem questionamentos que o livro aborda ao longo dos capítulos, apresentando outras formas de se compreender o tema das mudanças climáticas, em particular a partir de um ponto de vista crítico-popular. Sendo assim, questiona-se como as relações que surgem entre políticas ambientais e mercados especializados em negociar compensações de GEE se desdobram contemporaneamente no Brasil, sobretudo no que se refere ao modelo de uso e ocupação do solo agricultável.

---

10 O termo "agronegócio" é empregado conforme a perspectiva crítica de Heredia *et al.* (2010), que o analisam enquanto sistema complexo que articula cadeias produtivas agroindustriais, relações de poder assimétricas e as instituições político-econômicas que o sustentam.

Na contramão desse movimento, o livro ainda discute outras formas de imaginar uma reação política participativa e inclusiva na natureza que se produz atualmente. De maneira radical, discute-se uma produção histórica da natureza como possibilidade de superação da ruptura sociometabólica (Marx, 1978; Mészáros, 2019) que nos é imposta pela maneira como o capital se reproduz historicamente.

A CRISE (CLIMÁTICA) DO CAPITAL E A TRANSIÇÃO PARA UMA ECONOMIA DE BAIXO CARBONO

A maneira como as mudanças climáticas vêm sendo apresentadas à sociedade a partir de uma perspectiva hegemônica, isto é, um fenômeno cuja influência antrópica se manifesta na escala global e que tende ao aquecimento, expressa-se como algo inédito na história do capitalismo. No entanto, os diversos fatores associados a esse processo sob os moldes da reprodução ampliada do capital não se relacionam apenas com as emissões históricas de gases de efeito estufa (GEE), mas, de maneira mais acentuada, com os distintos movimentos históricos que marcam o modo contraditório pelo qual o capital se reproduz.

No livro *This changes everything: capitalism vs. the climate* [Isso muda tudo: capitalismo contra o clima], Naomi Klein (2014) argumenta que as mudanças no clima global estão muito mais associadas ao desenvolvimento do capitalismo do que propriamente com as emissões de GEE. Entretanto, para uma compreensão mais detida sobre essa afirmação de Klein, é imprescindível discutir as relações entre clima, política e economia, no sentido de compreender como processos historicamente associados às dinâmicas do capital – espoliações sistêmicas, "destruições criativas", desvalorizações etc. – se configuram diante da maneira com que se produz a natureza no contexto das mudanças globais do clima.

A complexidade das mudanças climáticas em um momento de crise do capital demanda uma análise aprofundada dos seus desdobramentos territoriais, que transcendem os impactos imediatos e urgentes sobre a superfície terrestre. Neste contexto, é imprescindível abordar questões acerca de como as decisões político-econômicas moldam as respostas às mudanças climáticas, desencadeando "ajustes espaciais" (Harvey, 2006; 2010; 2013) como a reconfiguração do uso do solo e da floresta e a reestruturação dos meios produtivos, incluindo a obsolescência tecnológica ou aquilo que Marx denominou como "desgaste moral das máquinas" (Marx, 1984c).

Para essa análise, torna-se essencial uma discussão sobre a formação do valor de mercadorias que surgem como resposta a externalidades negativas, em particular as emissões de GEE. Questiona-se, aqui, quais inovações tecnológicas e reorganizações produtivas são incorporadas para compensar ou reduzir essas emissões. Como as dinâmicas contraditórias entre desmatamento e preservação da floresta moldam uma reprodução capitalista da natureza?, isto é, como a conservação de florestas pode gerar valor de troca por meio da criação de uma nova escassez? Ainda sobre estas atividades, questiona-se como as distintas temporalidades do trabalho – o trabalho morto intrínseco às áreas degradadas, o trabalho de recuperação da floresta, além do que modela as taxas de desmatamento futuro – combinam-se na composição do valor dos chamados "serviços ambientais". Por fim, o texto debate de que maneira é possível se extrair lucro de atividades que têm por característica um consumo não produtivo.

Antes de se debruçar sobre estas questões é importante discutir, mesmo que introdutoriamente, como a teoria econômica neoclássica cria as bases para a presumida equalização entre o desenvolvimento econômico capitalista e as transformações impulsionadas pelas mudanças climáticas.

Internalizando externalidades: uma discussão sobre a economia ambiental neoclássica

> Imagine uma obra-prima continuamente aperfeiçoada durante milhões de anos. Só poderia mesmo esculpir as mais belas

> formas com as mais incríveis cores e combinar tudo isso à mais avançada das tecnologias – desenvolvida por meio da competição e da colaboração entre as espécies ao longo de uma imensa escala de tempo. A vida na Terra, por tudo que é e representa, mereceria por si só o que chamamos de 'direito de existência'. Possui um valor intrínseco. Há quem veja nela o sagrado, há quem veja um valor incomensurável e há quem veja um enorme valor. (Safatle, 2015, p. 3)

A citação que antecede este texto, para além do caráter extraordinário, chama atenção pela forma como concebe o "valor intrínseco" de uma "obra-prima" livre da intervenção humana – isto é, um suposto valor inerente a uma natureza exuberante e preexistente.

O valor intrínseco, na maneira como se concebe no referido texto, é algo que independe de utilidade. A natureza possui valor apenas por existir. Dentro da expressão teórica da Economia Política burguesa, tal conceito de valor se refere ao âmbito monetário e aos sistemas de cunhagem de uma moeda. Conforme a definição dada pelo *Novíssimo dicionário de economia*, "esse valor é inferior ao valor extrínseco ou valor de face das moedas, pois, caso contrário, os produtores dos metais não se interessariam em entregá-los para a cunhagem, e as autoridades monetárias que assim o fizessem teriam um grande prejuízo" (Sandroni, 1999, p. 627).

Em tese, ambas as definições partem de um suposto "valor real" inerente às coisas – um valor que residiria na própria materialidade, independente do trabalho ou de seu uso social. Contudo, sob uma perspectiva crítica, esse suposto valor "puro" (a-histórico) atribuído à natureza configura-se como um alheamento, justamente por ignorar o trabalho como mediação essencial na produção, inclusive "das mais belas formas com as mais incríveis cores".

No entanto, como fenômenos "naturais" – a exemplo dos processos biofísicos, portanto, desprovidos de um imediato trabalho –, podem ser convertidos em uma mercadoria tão sofisticada e de elástica circulação (financeirizada) como os chamados "serviços ecossistêmicos"? Aliás, uma das principais questões que vêm sendo levantadas pelos especialistas da "economia verde" é a de como atribuir valor aos "serviços prestados pela natureza" dentro da economia de mercado. Em outras palavras, como atribuir valor para uma mercadoria que tem por característica um consumo (aparentemente) não produtivo, como o caso da preservação das florestas e sua diversidade biológica?

O caráter geral desta mercadoria distinta (os serviços ecossistêmicos ou ambientais) está relacionado com o que os economistas chamam de "externalidades", como apresentado anteriormente. Na concepção da economia ambiental neoclássica, as externalidades negativas (como emissões de GEE) são consideradas como imperfeições (ou falhas) do mercado. E, para que se restabeleça seu "equilíbrio", estas devem ser internalizadas pelo sistema produtivo, seja pela intervenção estatal, a exemplo das obrigações tributárias, seja pela via do mercado por meio dos mecanismos de compensação financeirizados, o que vem ocorrendo de maneira mais difundida.

Externalidade ambiental e o estabelecimento da economia da poluição

A origem do conceito de externalidade na teoria econômica neoclássica decorre do pensamento do economista inglês Arthur Cecil Pigou que, nos anos 1920, escreveu sobre as maneiras de se equilibrar os problemas gerados pelas externalidades negativas. Em sua obra *The Economics of Welfare* [A economia do bem-estar], Pigou analisou como o mercado poderia internalizar os custos das externalidades negativas, propondo a intervenção estatal por meio de mecanismos fiscais (Pigou, 1946). Essa abordagem, conhecida como "princípio de Pigou", estabelece que o poluidor deve arcar com os custos sociais decorrentes de suas atividades, a fim de promover a eficiência econômica e a equidade ambiental.

Essa teoria, inicialmente concebida para abordar as distintas formas de externalidades, ganha importância contemporaneamente com a consolidação do princípio do "poluidor pagador". Esse, ao exigir que aqueles que causam danos ambientais arquem com os custos de reparação e prevenção, promove a internalização das externalidades negativas, configurando um dos pilares de uma economia da poluição (Cánepa, 2010).

Apesar do pioneirismo de Pigou nas análises sobre externalidades, a teoria de Ronald Coase, com uma postura mais liberal e pouco inclinada ao feito estatal, exerce maior influência na formação dos mercados especializados. A despeito das diferenças entre estas perspectivas, Pinheiro *et al.* (2023) chamam a atenção para o fato de que ambos compartilham da mesma base analítica da microeconomia neoclássica, cuja resolução das externalidades ambientais emerge como um "ótimo econômico da poluição", "situado entre o nível alto de poluição, na ausência de internalização da externalidade, e o nível zero de poluição, defendido pela ecologia" (Pinheiro *et al.*, 2023, p. 82).

Com este preceito, o chamado "Teorema de Coase" defende que as externalidades podem ser internalizadas economicamente por meio de mecanismos compensatórios, negociados diretamente entre os agentes econômicos envolvidos, com o objetivo de manutenção da qualidade ambiental. Como bem sintetizam as referidas autoras:

> No pensamento coasiano, a solução passa pela criação de direitos de propriedades para o capital natural, isto é, não defende a atuação do Estado na internalização das externalidades. Assim, o que o autor defende seria uma negociação entre os agentes com o propósito de estabelecer um ótimo de poluição. Assume, ainda, a ideia de que nem todas as externalidades negativas são indesejáveis, pois algumas gerariam ganho superior à perda ambiental. (Pinheiro *et al.*, 2023, p. 83)

Nota-se que tanto a perspectiva proposta por Pigou quanto a de Coase preveem a estipulação de um valor econômico aos bens e serviços ambientais pressupondo que ocorra a internalização da externalidade ambiental. Isto pode se dar mediante a intervenção estatal, como propõe Pigou, ou pela negociação direta entre as partes, como proposto por Coase.

Na prática, estas perspectivas vêm embasando a constituição de políticas públicas e legislação específica sobre mudanças climáticas, aliadas à conformação de mercados especializados em comercializar serviços ambientais.

Um dos primeiros mercados de compensação de GEE em larga escala e com regulamentação formal é o European Union Emissions Trading System (EU ETS), ou Sistema de Comércio de Emissões da União Europeia,[11] vigente desde 2005. Embora o EU ETS tenha sido o primeiro e mais influente, outros mercados de carbono surgiram em escalas regional e nacional, cada qual com suas particularidades, mas que operam com base nos preceitos da compra do direito de emitir excessos de GEE – o chamado sistema *cap-and-trade*.

Alguns exemplos destes mercados incluem o Western Climate Initiative (WCI), em vigor desde 2007, com o objetivo de compensar as emissões dos estados da costa Oeste dos EUA. O Regional Greenhouse Gas Initiative (RGGI), implementado em 2009, entre nove estados da costa Leste, tem o objetivo específico de compensar as emissões do setor energético. Na escala nacional, o mercado de carbono australiano Emissions Trading Scheme (ETS) foi criado com o objetivo de reduzir as emissões de GEE nacionais, com uma cobertura ampla dos diferentes setores, incluindo energia, indústria, transporte e agricultura.[12]

O mercado de carbono brasileiro

No Brasil, o primeiro mercado desta natureza foi criado em 2004, a partir de iniciativas conjuntas entre a antiga Bolsa de Mercadorias & Futuros (BM&F) e o então Ministério do Desenvolvi-

---

11 Para mais detalhes sobre o EU ETS, acessar: https://climate.ec.europa.eu/eu-action/eu-emissions-trading-system-eu-ets_en. Acesso em: 20 jan. 2025.

12 É interessante notar que ambos os países possuem um histórico de idas e vindas nos tratados internacionais sobre mudanças climáticas, com posicionamentos que refletem a instabilidade política destes países, como é patente no caso dos EUA. Em contrapartida, tal fato denota que as eventuais saídas daqueles países dos acordos climáticos não significam que estes mecanismos de compensação e as inúmeras mercadorias que se criam no contexto de uma economia de baixo carbono deixem de ser considerados. Ao contrário, acentuam uma contradição implícita a esse processo, ao incentivar a produção de combustíveis fósseis, ao mesmo tempo que investem na transição energética e na constituição de uma economia de baixo carbono.

mento, Indústria e Comércio Exterior. Trata-se de uma experiência pioneira entre os países em desenvolvimento com um mercado estruturado para compra e venda de certificados originados em projetos de redução de emissões de GEE (BM&F-MBRE, 2005).

Dando continuidade a esta perspectiva,[13] em novembro de 2024, entrou em vigor o Sistema Brasileiro de Comércio de Emissões de Gases de Efeito Estufa (SBCE) (Lei 15.042, de 2024).[14] O objetivo básico é o de permitir que empresas dos setores regulados compensem suas emissões por meio da compra de créditos vinculados a iniciativas de preservação ambiental. Para isso, o SBCE prevê um mecanismo de controle para as empresas que ultrapassarem a emissão de 25 mil toneladas de GEE por ano, que terão que compensar o eventual excesso por meio da compra de créditos de carbono.

As empresas que emitirem entre 10 mil e 25 mil toneladas de GEE deverão apenas reportar suas emissões, servindo como um primeiro passo para o monitoramento e controle de suas atividades. A partir dessa lei, indústrias como siderúrgicas, cimenteiras, cerâmicas e alimentícias, entre outras, serão obrigadas a monitorar e relatar suas emissões.

Em relação ao setor agropecuário (um dos que mais emitem GEE no Brasil),[15] devido à forte pressão da Frente Parlamentar da Agropecuária, o setor não foi incluído no SBCE. A principal justificativa foi a dificuldade em quantificar com precisão as

---

13 Pode-se dizer que, entre 2016 e 2022, houve um interregno das políticas para mudanças climáticas no âmbito do governo federal, expressando como as instabilidades políticas (e o obscurantismo) afetam políticas desta ordem. Ver Dantas, B. *et al.*, 2024.

14 Para a leitura completa da lei que institui o Sistema Brasileiro de Comércio de Emissões de Gases de Efeito Estufa, acessar: https://normas.leg.br/?urn=urn:lex:br:federal:lei:2024-12-11;15042. Acesso em: 20 jan. 2025.

15 De acordo com a Plataforma Sistema de Estimativa de Emissão de Gases Estufa (SEEG), o setor agropecuário é responsável por 73,7% das emissões de GEE do Brasil em 2021, o que equivale a 1,8 bilhão de toneladas de $GtCO_2$. Deste total, o uso da terra (incluindo o desmatamento) é responsável por 56% (1 bilhão de toneladas de CO_2) (SEEG, 2023, p. 39).

emissões de cada propriedade rural,[16] além do argumento de que outros países com mercados de carbono semelhantes, como a Nova Zelândia, também não incluíram o setor agrícola em suas regulamentações.

Na outra ponta do processo, diferentes setores da sociedade civil se posicionaram a respeito da institucionalização do mercado de carbono brasileiro, apresentando uma série de dificuldades e riscos envolvidos com a entrada em vigor de um sistema para a compra e venda de licenças para poluir. Um ano antes, ainda no momento em que o Congresso debatia as regras e funcionamento deste mercado, foi publicado pelo Grupo Carta de Belém um "Parecer dos povos sobre a proposta para criação de um sistema de cotas e comércio de poluição no Brasil", texto assinado por diversas entidades e movimento sociais, em sua grande maioria de origem camponesa.

O texto chama a atenção para a falta de participação da sociedade na construção do SBCE, sobretudo a falta de diálogo com as organizações populares que defendem a luta pela terra, pela água, pelas florestas e o direito à cidade, ou seja, os grupos mais afetados pelas mudanças do clima. No cerne desta questão estão os riscos inerentes aos interesses privados que existem neste mercado. O Parecer ressalta que estes agentes atuam "por meio da lógica de facilitar o cumprimento das metas de poluição aplicadas às empresas", que tendem a prevalecer em detrimento "das diretrizes do direito consuetudinário e da reforma agrária".[17]

---

16 Há pelo menos uma década a Embrapa vem desenvolvendo pesquisas e metodologias de contabilidade de estoques de carbono em diferentes tipos de pastagens, dando origem a uma certificação de "carne carbono neutro". Ver Alves *et al.* (2015).

17 Para a leitura completa do "Parecer dos povos sobre a proposta para criação de um sistema de cotas e comércio de poluição no Brasil", acessar: www.cartadebelem.org.br/parecer-dos-povos-sobre-a-proposta-para-criacao-de-um-sistema-de-cotas-e-comercio-de-poluicao-no-brasil/. Acesso em: 10 jan. 2025.

Externalidades ambientais e o valor dos "serviços ecológicos"

As atuais políticas que se voltam às questões ambientais enfatizam a resolução dos desperdícios e degradações pela via dos mercados financeiros que transacionam compensações, impondo, assim, novas normas de uso de elementos vitais como a água, o ar, as florestas etc. Estes, como observam Chesnais e Serfati (2003, p. 57), "devem deixar de serem 'bens livres' para tornarem-se 'esferas de valorização', fundadas pela instauração de direitos de propriedade de um tipo novo (os 'direitos de poluir') de mercados *ad hoc*".

Embora esta discussão esteja presente no debate internacional sobre questões ambientais desde a Eco-92, a ideia de se atribuir um valor expresso em cifras monetárias aos "serviços ecológicos" surge de maneira mais detalhada no artigo "The value of the world's ecosystem services and natural capital" [O valor dos serviços de ecossistema e capital natural do mundo]. Publicado em 1997, na revista *Nature*, o artigo escrito pelo economista Robert Constanza, em conjunto com uma equipe interdisciplinar, atribui um valor monetário aos serviços ambientais, cujo montante chegaria a US$ 33 trilhões, considerando que o PIB global naquele ano era de US$ 18 trilhões:

> Os serviços de sistemas ecológicos e os estoques de capital natural que o produzem são fundamentais para o funcionamento do sistema de suporte de vida da Terra. Eles contribuem para o bem-estar humano, tanto direta como indiretamente, e, portanto, representam parte do valor econômico total do planeta. Nós estimamos o valor econômico atual de 17 serviços dos ecossistemas ou 16 biomas, com base em estudos publicados e alguns cálculos originais. Por toda a biosfera, o valor (a maioria do qual está fora do mercado) é estimado para estar na faixa de US$ 16-54 trilhões por ano, com uma média de US$ 33 trilhões por ano (Constanza *et al.*, 1997, p. 253, tradução nossa)

Este artigo tornou-se uma das principais referências sobre o assunto não apenas pelo seu pioneirismo, mas principalmente por sustentar (economicamente) a perspectiva de se incorporar os serviços ecossistêmicos dentro da contabilidade de uma cadeia produtiva, baseando-se em um cálculo comparativo entre os custos da preservação e do dano ambiental envolvido. Como defendem os autores, "muitas das técnicas de avaliação utilizadas nos estudos cobertos em nossa síntese baseiam-se, direta ou indiretamente, na tentativa de estimar a 'disposição de pagar' de indivíduos por serviços ecossistêmicos"[18] (Constanza *et al.*, 1997, p. 255).

Em uma perspectiva semelhante, o economista indiano Sukhdev lidera desde 2007 a iniciativa "A Economia dos Ecossistemas e da Biodiversidade" (TEEB, sigla em inglês), entidade ligada ao Programa das Nações Unidas para o Meio Ambiente (Pnuma). Trata-se de uma forma de avaliação das vantagens econômicas da biodiversidade, por meio da quantificação dos custos e perdas da diversidade biológica e a relação entre a falta de investimento em ações preventivas e os custos da conservação efetiva da biodiversidade. Conforme exemplifica um dos estudos da entidade:

> Em situações nas quais há forte consenso sobre o valor dos serviços ecossistêmicos, pode ser relativamente simples *demonstrar valores em termos monetários* e capturá-lo no mercado. Um exemplo mais óbvio em que isto se aplica são os valores de *commodities* como o número de cabeças de gado ou metros cúbicos de madeira, mas isso pode ser igualmente aplicado para o armazenamento de carbono ou o fornecimento de água limpa. (TEEB, 2010, p. 13, grifo original)

---

18 "Por exemplo, se os serviços ecológicos proporcionam um incremento de US$ 50 em relação à produtividade de madeira de uma floresta, em seguida, os beneficiários deste serviço devem estar dispostos a pagar até US$ 50 para ele. Para além da produção de madeira, se a floresta oferecida não é comercializada e sua estética, existência e conservação valem US$ 70, aqueles que recebem este benefício não comercializado devem estar dispostos a pagar até US$ 70 por ele. O valor total dos serviços ecológicos seria de US$ 120, mas a contribuição para a economia de dinheiro de serviços ecológicos seria de US$ 50, a quantidade que realmente passa pelos mercados. Neste estudo procurou-se estimar o valor total dos serviços ecológicos, independentemente se eles são atualmente comercializados." (Constanza *et al.*, 1997, p. 255-256, tradução nossa).

Estas metodologias de valoração da natureza, cada vez mais, têm se difundido em pesquisas que buscam "tornar visível o valor da natureza". O estudo desenvolvido pelo Centro Helmholtz de Pesquisa Ambiental da Alemanha (UFZ) estimou que a perda mundial de polinizadores levaria a uma queda na produção agrícola anual de cerca de 217 bilhões de dólares. Publicada no artigo "*Economic Value Of Insect Pollination Worldwide Estimated At U.S. $217 Billion*" [Valor econômico de insetos polinizadores mundial estimado em US$ 217 bilhões], a pesquisa defende ainda que que o valor econômico mundial do serviço de polinização fornecido por insetos polinizadores, principalmente abelhas, foi de € 153 bilhões em 2005 para as principais culturas que alimentam o mundo. Esse valor correspondeu a 9,5% do valor total da produção agrícola alimentar mundial. O estudo também determinou que o desaparecimento de polinizadores resultaria em uma perda de excedente do consumidor estimada entre € 190 bilhões e € 310 bilhões[19] (UFZ, 2008).

A consultoria Trucost[20] publicou no relatório *Natural Capital at Risk: Top 100 Externalities of Business* [Capital natural em risco: 100 principais externalidades do negócio]: cálculos que estimam que as externalidades negativas da produção primária (agricultura, exploração florestal, pesca, mineração, petróleo e gás, serviços públicos) e do processamento primário (cimento, aço, papel e celulose, petroquímica) totalizam US$ 7,3 trilhões, o que equivaleria a 13% da produção econômica global em 2009 (Unep, 2013).

O estudo *Nature Risk Rising: Why the Crisis Engulfing Nature Matters for Business and the Economy* [O crescimento do risco na-

---

19 Para a leitura completa do artigo, acessar: www.sciencedaily.com/releases/2008/09/080915122725.htm. Acesso em: 30 ago. 2024.

20 Trata-se de uma empresa de consultoria internacional, com sede em Londres, que ajuda empresas, governos e investidores a entender "as consequências da dependência econômica do capital natural há mais de 12 anos". Entre seus principais clientes estão: KfW; 3M; ASN Bank; Bank of America. Merrill Lynch; Dell; HP; LG; Puma; Natura; Samsung; Sky; UBS; Virgin Money; entre outras. Para mais detalhes, acessar: www.trucost.com. Acesso em: 30 ago. 2024.

tureza: por que a crise que envolve a natureza é relevante para os negócios e a economia], publicado em 2020 pelo Fórum Econômico Mundial, afirmou que metade dos US$ 44 trilhões do PIB global está diretamente associada à "natureza" e seus serviços (World Economic Forum, 2020).

Nota-se que dentro do que pretende a economia verde neoclássica, as cifras contabilizadas anteriormente enquanto "externalidade negativa", esses "não valores"[21] convertem-se em novas fontes de capitais, na medida em que a "lógica econômica pode ser revertida para a conservação", como afirma a matéria citada no início do capítulo.

Nessa perspectiva, a lógica da "internalização das externalidades" – ou o aproveitamento das sobras da produção no curso circular da reprodução do capital – torna-se um imperativo dentro das atuais políticas voltadas para o clima. Ao mesmo tempo, a quantificação das descargas ou das emissões de meios produtivos, assim como a incorporação de atividades compensatórias, se desdobram em sistemas de reorganização produtiva e do uso do solo, incluindo a ressignificação econômica das florestas, na apropriação de bens coletivos, para se converterem, ao final, em um ativo financeiro dotado de características próprias referente ao seu valor de uso – compensar emissões de gases de efeito estufa.

Como será aprofundado nos próximos capítulos, o que se busca em parte como "externo" é aquilo que se produz internamente ao sistema produtivo. Esta compreensão parte da dialética "interior-exterior" (Luxemburgo, 1989), a qual se apresenta como um movimento intrínseco às dinâmicas contraditórias do capital na busca sem fim pela sua valorização. Em suma, a degradação ambiental em seus diferentes níveis, ou mesmo a destruição das

21 Dentro da perspectiva marxiana, para que um determinado trabalho produza valor, ele deve produzir, simultaneamente, um valor de uso, uma utilidade social específica para a qual exista uma demanda efetiva. Assim, a partir do momento em que não há utilidade social, bem como uma demanda real para um objeto fruto do trabalho humano, perde-se, automaticamente, seu valor.

condições materiais de produção e reprodução, não é um erro de percurso da economia, como afirmam os especialistas da economia verde burguesa, mas, sim, um sintoma de um modelo de desenvolvimento em crise, no qual a natureza é subsumida pela lógica de acumulação do capital.

Reorganização produtiva, inovação tecnológica e a busca pela transição energética: elementos para se pensar a "crise ambiental" e os ciclos sistêmicos de acumulação

O uso da energia ao longo da história geográfica do capitalismo é parte de um desenvolvimento tecnológico, impulsionado pelo domínio dos recursos naturais e acelerado pelas demandas de uma sociedade organizada para a maximização do lucro. Essa dinâmica ocorre em um contexto em que a evolução tecnológica leva a novos métodos de extração, processamento e geração de energia. No entanto, é importante destacar que, assim como os ciclos de acumulação, as transições energéticas acontecem de maneira heterogênea. Exemplo disso é o fato de que em alguns países europeus (Reino Unido, França, Alemanha), assim como nos EUA, foram necessários mais de 100 anos para que o uso do carvão passasse de um recurso secundário para se tornar a principal fonte de energia, anteriormente dominada por biocombustíveis usuais. Na Inglaterra, o carvão começou a fornecer mais da metade de toda a energia por volta de 1620; na França, isso ocorreu em 1870; nos EUA, no início da década de 1880; e em grande parte para os países do Sul, apenas em meados da década de 1950 (Smil, 2016, p. 194).

Historicamente, os centros de gravidade do poder tendem a se deslocar em torno das formações que, além de possuírem acesso privilegiado a fontes e rotas de energias eficientes e lucrativas, detêm as capacidades tecnológicas, políticas e econômicas para processá-las e promover inovações (Arrighi, 2008). Para Schumpeter (1982), as inovações são parte fundamental da "destruição criativa" que, de tempos em tempos, perturba o "equilíbrio" e coloca o capitalismo em movimento, permitindo-lhe evoluir e se expandir.

Neste sentido, pode-se dizer que o atual curso da transição energética reflete não apenas uma mudança de paradigma tecnológico, mas principalmente a transição de um novo ciclo de acumulação do capital, conforme mostram as ondas de inovações:

Figura 1 – Ciclos de inovação de Schumpeter

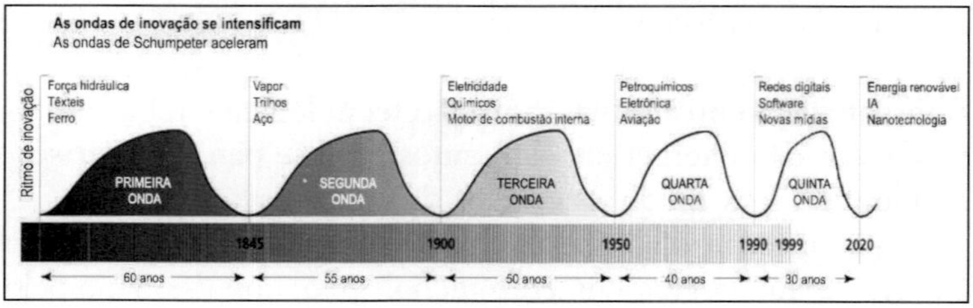

Fonte: Elaboração própria.

As particularidades do atual período histórico devem ser consideradas, com atenção especial para o último ano indicado no gráfico, que marca o átimo da crise. Não por um acaso, diversos países e organismos internacionais, como o FMI e o Banco Mundial, elaboraram planos de recuperação econômica pós-pandemia de Covid-19, fundamentados em inovações voltadas à transição energética e para a economia de baixo carbono, tema que será novamente abordado mais adiante.

É importante ressaltar que este incentivo à produção de energia renovável que estamos presenciando representa, mais do que uma substituição efetiva dos combustíveis fósseis, um incremento na produção energética mundial, uma vez que surgem novas (e volumosas) demandas por energia com tecnologias que marcam o atual ciclo de acumulação.[22]

---

22 De acordo com as projeções da Agência Internacional de Energia (IEA, na sigla em inglês), o consumo de eletricidade por *datacenters*, inteligência artificial (IA) e criptomoedas pode dobrar até 2026. Dentre estas tecnologias, os *datacenters* despontam como a principal demanda de energia. Após consumirem aproximadamente 460 terawatt-horas (TWh) globalmente em 2022, estima-se que "a combinação do aumento da renda e das temperaturas globais gera mais de 1.200 TWh de demanda adicional para resfriamento até 2035, um volume maior do que todo o consumo atual de eletricidade do Oriente Médio" (IEA, 2024, p. 7).

Esse crescimento exponencial não se dá de forma isolada ou homogênea. Assim como as inovações tecnológicas não se distribuem aleatoriamente no tempo (Mondragón, 2009), tampouco o fazem de maneira equitativa no espaço (Santos, 2004). Embora surjam em ondas tecnológicas, observa-se uma defasagem entre as descobertas científicas e sua incorporação pelo sistema produtivo – particularmente quando alcançam viabilidade econômica –, resultando numa alocação estratégica e desigual dessas tecnologias pelos territórios.

A extrema volatilidade do capitalismo contemporâneo tem conduzido a processos simultâneos de conformação de grandes monopólios e à busca por novas estratégias de acumulação que se multiplicam frente à crise de sobreacumulação. A necessidade constante de intensificar e acelerar a circulação do capital em todas as suas fases – ao lado da necessidade de "aniquilar o espaço mediante o tempo" (Harvey, 1992; 2014) – tem conduzido a uma impressionante criação de novas tecnologias, sobretudo aquelas que engendram novas temporalidades em busca de mais-valia relativa. Esta, segundo a perspectiva da teoria crítica, confere ao capitalista inovador um ganho extraordinário, um adicional a partir daquilo que foi incorporado ou modificado em determinado sistema produtivo; seja na introdução de um novo componente tecnológico, seja na reorganização da produção, seja no aproveitamento das sobras entre outras inovações que podem gerar

> uma alteração no processo de trabalho, pela qual se reduz o tempo de trabalho socialmente necessário para produzir uma mercadoria, que um menor *quantum* de trabalho adquire, portanto, a força para produzir um maior *quantum* de valor de uso. [Assim,] A mais-valia produzida pelo prolongamento da jornada de trabalho chamo de mais-valia absoluta; a mais-valia que, ao contrário, decorre da redução do tempo de trabalho e da correspondente mudança da proporção entre os dois componentes da jornada de trabalho chamo de mais-valia relativa. (Marx, 1983, p. 250-251)

Em linhas gerais, é por meio das dinâmicas da competitividade que grande parte destas estratégias projeta inovações tecnológicas que acarretam uma mudança qualitativa na criação de novos objetos na busca incessante por mais-valia relativa. Além dos meios mais frequentes de inovação tecnológica que aceleram a rotatividade do capital fixo, surgem inúmeras formas de produção da natureza, como os processos que estimulam o crescimento exponencial de plantas e animais, além dos que projetam "realidades" futuras em modelagens digitais que, assim como outras formas de se produzir a natureza (independentemente da temporalidade em questão), desempenham um papel-chave na diversificação das estratégias de acumulação.

Entretanto, é importante atentar que, no caso das inovações criadas no contexto das mudanças climáticas, os meios que conduzem determinada produção a aumentar sua capacidade, e a consequente apropriação de mais-valia relativa, não estão direcionados apenas pelos dispositivos que comprimem o tempo social de trabalho na produção, mas principalmente pelas transformações que levam a uma flexibilização do sistema produtivo. Isto é, processos que emergem a partir da alteração da forma organizacional da produção e não apenas da substituição do maquinário que, em geral, fundamenta-se mais na automação da produção do que na diversificação de valores de uso.

As atuais tecnologias que proporcionam a compensação de emissões de gases de efeito estufa são as mesmas que flexibilizam os negócios, que diminuem gastos com capital constante (sobretudo com a eficiência energética e com o reaproveitamento das sobras da produção) e que proporcionam uma visibilidade simbólica "sustentável" para a firma inovadora.

Sobre o papel das inovações nos sistemas produtivos, Schumpeter (1982) vai discutir que estas não se restringem às mudanças no padrão tecnológico, mas que se relacionam à distribuição dos fatores produtivos e à gerência ou arranjo de novas funções de produção e gestão. A partir de sua discussão sobre os ciclos econômicos e o papel da inovação tecnológica em momentos de retomada da economia, o referido economista ressalta que a destruição incessante de antigas estruturas econômicas e a criação de novas por meio da inovação não apenas constituem fontes importantes de ganho imediato, mas também produzem a realização de novas combinações, as quais fundamentam o processo.

São exemplos disso desde a incorporação de novas tecnologias no sistema produtivo até a abertura de novos mercados e inovações comerciais, a criação de uma organização de compra e descarte de produtos, entre outros artifícios que estimulam novas combinações para a produção (Schumpeter, 1982, p. 48-50).

Diversos autores que discutem a função das inovações tecnológicas e da reorganização produtiva dentro das dinâmicas dos ciclos econômicos de acumulação mostram que tais processos surgem, no primeiro momento, como um elemento perturbador que desencadeia "desvios do equilíbrio" (Schumpeter, 1982; Harvey, 2013; Arrighi, 2008; Mondragón, 2009). Entretanto, esses mesmos autores mostram que a própria inovação conduz à crise não só pelo esgotamento de seus efeitos – pelas próprias características estruturais da produção e a escassez de recursos –, mas fundamentalmente pelos seus efeitos sobre a taxa de lucro.

Nesse sentido, uma fase de lucros extraordinários, em geral, resulta de um período precedente de crise retomado por movimentos que se realizam por meio de inovações tecnológicas e destruições criativas. Como Marx chama a atenção a respeito destes momentos históricos, os lucros extraordinários são explorados ao máximo pelo capitalista, prolongando o quanto pode essa "lua de mel": quanto mais lucra, mais quer (Marx, 1984a, p. 31).

Em contrapartida, é preciso não perder de vista que os impulsos empreendedores que as inovações vinculadas com as mudanças climáticas oferecem atualmente têm sua validade determinada pela própria forma como se reproduz o capital. Isto é, no momento em que o diferencial não existir mais, quando as inovações e tecnologias limpas se disseminarem na sociedade e as taxas de lucro decaírem, uma nova rodada de destruições criativas irá se inaugurar.

Em outros termos, um provável auge econômico obtido por inovações tecnológicas voltadas para a substituição das matrizes energéticas não garante a sustentabilidade da economia capitalista como se pretende no "ecologismo do livre mercado". Sobre isso, é importante considerar o fato de que as inovações – sobretudo as de grande impacto econômico, como a substituição de matriz energética – representam a alteração do equilíbrio, isto é, são elas que provocam a ampliação dos investimentos e, portanto, uma demanda cumulativa de capital, de novas máquinas e novas construções.

As diferentes esferas da produção, como demonstra Marx (1984a), tendem ao constante equilíbrio, cuja estabilidade é abalada continuamente por movimentos que, mais tarde, Schumpeter denominou de "destruição criativa" do capitalismo (Arrighi, 2008, p. 92). Trata-se, segundo sua perspectiva, "de mudanças espontâneas e descontínuas nos canais do fluxo, perturbações do equilíbrio, que alteram e as descolam para sempre de um estado de equilíbrio previamente existente" (Schumpeter, 1982, p. 97).

A incorporação de atividades relacionadas à mitigação de gases de efeito estufa (incluindo as técnicas de metrologia de emissões) em produções já consolidadas desempenha um papel a ser observado dentro da concorrência capitalista. Isso acontece sobretudo por estas atividades envolverem certos ajustes na produção que, associados às inovações tecnológicas, conduzem a novas combinações nos sistemas produtivos.

Conforme esta perspectiva analítica, estas atividades, de maneira abrangente, envolvem: 1) a introdução de um novo bem, ou uma nova qualidade de um bem; 2) a incorporação de um novo método de produção, ou seja, um método que ainda não tenha sido testado pela experiência no ramo próprio da atividade envolvida; 3) a conquista de uma nova fonte de oferta de matérias-primas, independentemente de sua existência ou descoberta prévia, o que inclui a economia de insumos de capital constante, além do uso eficiente de insumos de energia e matérias-primas; 4) a abertura de um novo mercado, ou seja, de um mercado em que determinado ramo ainda não tenha atuado; 5) o estabelecimento de uma nova organização industrial, como a criação de uma posição de monopólio (por exemplo, pela trustificação) ou a fragmentação de uma posição de monopólio); 6) a invenção de novas estratégias de *marketing* (diferenciação de produtos, publicidade etc.) (Schumpeter, 1982, p. 48-49; Harvey, 2013, p. 139).

Essas reorganizações produtivas e o consequente lucro extraordinário (temporário) estão condicionados a três fatores essenciais: primeiro, a integração entre conhecimento técnico-científico e produção; segundo, a reestruturação mediante inovações tecnológicas; e terceiro, a capacidade do capitalista individual em obter diferenciais competitivos no mercado.

Em uma análise contemporânea, Harvey (2010, p. 171) destaca a relevância desses processos, especialmente pelas "transformações organizacionais – como subcontratação, sistemas *just-in-time* e descentralização corporativa – que desempenham papel central no aumento da produtividade" (tradução nossa).

Ainda sobre este aspecto, particularmente ao que se refere ao descompasso entre o conhecimento científico e a inovação tecnológica, Mandel (1982) chama a atenção para uma distinção crucial entre "invenção científica" e "inovação tecnológica". Segundo o autor, o capital aplicado em pesquisa e desenvolvimento só se valoriza quando o trabalho realizado é produtivo – ou seja, quando resulta efetivamente na criação de novas mercadorias (Mandel, 1982, p. 178).

Conforme Marx explica nas primeiras páginas d'O *capital*, no capítulo em que descreve os "fatores da mercadoria", para que um determinado trabalho gere valor, ele deve produzir, necessariamente, um valor de uso, uma utilidade social específica para a qual exista uma demanda efetiva: "A utilidade de uma coisa faz dela um valor de uso. Essa utilidade, porém, não paira no ar [...]. O valor de uso realiza-se somente no uso ou no consumo" (Marx, 1983, p. 45-46). Neste sentido, a partir do momento em que não há utilidade social, ou uma demanda real para algo que é resultado do trabalho, perde-se, instantaneamente, seu valor.

No entanto, no terceiro livro d'O *capital*, Marx ressalta que nos momentos em que o capital descobre novos materiais úteis ou novos métodos para o "aproveitamento dos excrementos da produção" no curso circular da reprodução do capital, a máquina (a ciência em geral, especialmente a química) amplia suas esferas de inversão para o capital e converte esses "não valores" em elementos adicionais no processo de acumulação:

> Com o modo de produção capitalista, amplia-se a utilização dos excrementos da produção e do consumo. Pelos primeiros entendemos os resíduos da indústria e da agricultura, enquanto pelos últimos entendemos em parte os excrementos oriundos do metabolismo natural do ser humano, em parte a forma em que sobram os objetos de consumo depois de terem sido consumidos. (Marx, 1984c, p. 77-78)

Embora a reprodução do capital tenda intrinsecamente a "poupar" capital constante – assim como busca acesso barato (ou "gratuito") a recursos naturais –, isso não significa uma tendência análoga em reduzir (ou mesmo compensar) as externalidades a zero. Notadamente, as iniciativas de reaproveitamento das sobras indesejáveis da produção ocorrem quando há redução efetiva dos custos de produção ou quando conferem à produção uma nova mercadoria. Como questiona Saito (2021), uma vez que a "produção massiva de mercadorias e a dilapidação das forças gratuitas da natureza continuam sob o sistema capitalista, não há razão convincente para acreditar que a produção capitalista se tornará sustentável algum dia por meio da economia de capital constante" (Saito, 2021, p. 170).

A racionalidade econômica que conduziu durante dois séculos um sistema produtivo marcado por excessos e desperdícios converte-se, hoje, em uma suposta "economia ecológica" que incorpora nos meios produtivos parte das sobras da produção (Cornetta, 2017). A partir do momento em que se faz uso da lógica da internalização das externalidades, criam-se, ao mesmo tempo, novas possibilidades de investimentos e lucratividade. Surge uma dinâmica em torno de mercadorias provenientes das "descargas" indesejáveis do sistema produtivo.

Economia dos resíduos e as temporalidades do trabalho

Nas poucas páginas em que Marx discute o reaproveitamento dos resíduos da produção, algumas condições para que esse processo se efetive são consideradas, especialmente as que derivam da reorganização dos meios produtivos e, evidentemente, do desenvolvimento da ciência aplicado à produção. Dentre elas, Marx destaca:

> A disponibilidade em massa de tais excrementos, que resulta apenas de trabalho em larga escala; melhoria da maquinaria, com a qual materiais que antes, em sua forma dada, não eram utilizáveis são transfigurados para servirem à nova produção; progresso da ciência, especialmente a Química, que descobre as propriedades utilizáveis de tais resíduos. (Marx, 1984c, p. 78)

A partir destes imperativos, Marx chama a atenção para o fato de que, na "economia de resíduos", é necessário distinguir o papel do trabalho geral e o trabalho em comum: "ambos desempenham seu papel no processo de produção, ambos se confundem, mas ambos também se distinguem. Trabalho geral é todo trabalho científico, toda descoberta, todo invento" (Marx, 1984c, p. 80). Trata-se, portanto, de um trabalho cuja prática pressupõe distintas temporalidades, por um lado a "cooperação com viventes" e, por outro, com o trabalho pretérito de seus antecessores. Diferentemente, o trabalho em comum "supõe a cooperação direta entre indivíduos", portanto, dentro de uma relação temporal que não se alarga como no trabalho geral (Marx, 1984c, p. 80).

Compreender como estas relações de trabalho combinam-se na produção torna-se indispensável à análise dos processos de busca por mais-valia relativa. Cabe destacar que a combinação do trabalho "cujos componentes singulares são estranhos entre si" é vista por Marx como uma totalidade. Nos *Grundrisse*, no "Capítulo do capital", a conexão entre o meio produtivo industrial e a ciência natural aparece como um fator central na combinação de trabalhos alheios, cujas relações não se encerram (necessariamente) nas mesmas escalas temporais e geográficas:

> Em sua combinação, esse trabalho aparece servindo a uma vontade e inteligência estranhas, e dirigido por tal inteligência – tendo sua *unidade anímica* fora de si, assim como sua unidade material subordinada à *unidade objetiva da maquinaria*, do capital fixo, que, *monstro animado*, objetiva o pensamento científico e é, de fato, sua síntese, e de maneira nenhuma se

> comporta como instrumento em relação ao trabalhador singular, trabalhador que antes existe nele como pontualidade singular animada, como acessório singular vivo. O trabalho combinado, desse modo, é combinação *em si* em duplo sentido; não é combinação como relação mútua dos indivíduos trabalhando em conjunto nem como seu controle, seja sobre sua função particular ou isolada, seja sobre o instrumento de trabalho. (Marx, 2011, p. 387, grifo original).

Deste modo, as inovações que permitem a reintrodução dos excrementos da produção no circuito do capital, "essas economias na aplicação do capital fixo" são, como Marx apresenta, "o resultado do fato de as condições de trabalho serem empregadas em larga escala, em suma, de servirem como condições de trabalho diretamente social, socializado, ou de cooperação direta dentro do processo de produção" (Marx, 1983c, p. 80).

Contudo, é possível dizer que a combinação dos trabalhos alheios na constituição do valor das mercadorias que surgem no contexto das mudanças globais do clima apresenta uma complexidade que envolve múltiplas faces (e fases) do trabalho em suas diferentes escalas temporais e geográficas. Desde o trabalho industrial (este considerado desde a máquina de Watt) até o trabalho científico, que estipula o grau da degradação e a 'barreira' que o primeiro representa para o planeta (capitalista); passando por aqueles que supostamente "equilibram" a degradação do trabalho industrial, seja com a inovação tecnológica, seja com a recuperação de áreas florestais degradadas; além daquele intrínseco à floresta, tanto no que a desmatou quanto no que, milenarmente, a produziu culturalmente.

Em relação às mercadorias vinculadas à compensação de emissões de GEE, é importante reforçar a ideia de que seu valor de uso está diretamente relacionado a uma visão específica sobre mudanças climáticas e os fatores com que o fenômeno tende ao aquecimento do planeta.[23] Isto é, a utilidade tanto dos projetos de sequestro e estocagem de carbono em florestas como dos projetos

---

[23] Para uma leitura mais completa sobre esta discussão, ver Cornetta (2022).

de redução ou substituição de energia fóssil justifica-se, *a priori*, pela capacidade que determinadas atividades teriam de reduzir ou compensar emissões.

Entretanto, nota-se que as vantagens que estimulam uma determinada empresa a adotar medidas de contabilidade de carbono, ou mesmo a acoplar um projeto de substituição ou eficiência energética, vão além da mera redução de suas emissões. Como mencionado anteriormente, o ganho extra absorvido pela introdução de inovações ligadas às mudanças climáticas não provém necessariamente da compressão do tempo de trabalho necessário, mas da diversificação de produtos que se obtém por meio de inovações tecnológicas, como é o caso de indústrias que investem na cogeração de energia elétrica.

O exemplo das atividades da agroindústria canavieira demonstra como, a partir do aproveitamento do bagaço da cana-de-açúcar (subproduto considerado há pouco como resíduo indesejável), é possível suprir a demanda interna de energia – reduzindo gastos com capital constante – e gerar excedentes energéticos a ponto de se inserir no mercado de energia elétrica.[24]

Neste caso, na medida em que atividades ligadas ao contexto das mudanças globais do clima incorporam dispositivos de compensação de gases de efeito estufa, surgem novos elementos na produção que podem ser expressos em uma alteração da composição orgânica do capital. Como Harvey (2013, p. 214) explica: "Marx aparentemente pretendia reservar o termo 'composição orgânica' para indicar aquelas mudanças na tecnologia *dentro* de uma empresa que afetam a composição de valor do capital". A composição do capital, como Marx esclarece, deve ser entendida em duplo sentido:

> Da perspectiva do valor, ela é determinada pela proporção em que se reparte em capital constante ou valor dos meios de produção e capital variável ou valor da força de trabalho, soma global dos salários. Da perspectiva da matéria, como ela funciona no processo da produção, cada capital se reparte em

24 Para uma leitura mais completa sobre os processos de flexibilização da indústria canavieira, ver Carvalho (2009).

> meios de produção e força de trabalho viva; essa composição é determinada pela proporção entre, por um lado, a massa dos meios de produção utilizados e, por outro lado, o montante de trabalho exigido para seu emprego. Chamo a primeira de composição-valor e a segunda de composição técnica do capital. Entre ambas há estreita relação. Para expressá-la, chamo a composição-valor do capital, à medida que é determinada por sua composição técnica e espelha suas modificações, de composição orgânica do capital. Onde se fala simplesmente de composição do capital, deve-se entender sempre sua composição orgânica. (Marx, 1984a, p. 187)

Em relação às atividades que incorporam a cogeração de energia, ou mesmo novos mecanismos de absorção de resíduos ao ciclo produtivo – como as tecnologias que permitem uma maior eficiência energética –, em sua grande maioria são tecnologias que não surgiram no contexto das mudanças climáticas, tampouco da economia de baixo carbono. No entanto, esse mercado vem proporcionando, sobretudo para as empresas com maior capacidade de atrair capitais adicionais, elementos que podem alterar a composição orgânica do capital. O exemplo da inovação tecnológica que permite atender à demanda interna de energia a partir de seus próprios resíduos já caracterizaria, por si só, uma mudança na composição técnica do valor.

Os efeitos das mudanças climáticas na centralização de capitais

Nota-se que as iniciativas de compensação ou de redução de emissões surgem como um adicional dentro da própria inovação disponível. Surgem como uma possibilidade de auferir ganhos extras mediante a interconexão de elementos que proporcionam aproveitar sobras, reduzir gastos com capital constante, diversificar a produção de valores de uso – contando com a mesma proporção de capital variável –, além de uma visibilidade que se distingue ante a concorrência. Como nos faz lembrar Harvey (2013, p. 221), "se a composição de valor agregado do capital vai aumentar ou não em resposta à inovação tecnológica, dependerá inteiramente dos setores em que essas mudanças tecnológicas ocorrem e dos efeitos de interação que elas têm na economia como um todo".

Observa-se que, há pelo menos uma década, setores da agricultura capitalista vêm incorporando inovações tecnológicas e reorganizações nos diferentes modelos produtivos que estão vinculadas com a economia de baixo carbono; desde a incorporação de fontes energéticas renováveis, incluindo o reaproveitamento de excrementos altamente ricos em metano, passando pela venda de créditos compensatórios de carbono, a flexibilização dos negócios, até a apropriação de uma imagem "empresarial verde" ou "ambientalmente responsável", propícia para um setor acostumado às degradações.[25]

Neste contexto, é importante ressaltar o papel específico dos créditos de carbono que extrapolam sua utilidade imediata de compensar as emissões de gases poluentes. As distintas maneiras com que estes créditos são comercializados, especialmente com sua venda antecipada, têm contribuído com movimentos que levam à diminuição do tempo de rotatividade do capital fixo, interpondo tecnologias e maquinários em sistemas produtivos já estabelecidos, sobretudo as tecnologias voltadas para a transição energética.

Assim, neste tipo de negociação, os créditos de carbono assumem uma função semelhante a linhas de créditos convencionais, na medida em que desempenham o papel de um mecanismo de internalização do capital portador de juros na esfera produtiva. Sobre os distintos movimentos que conduzem à absorção do capital financeiro pelos setores produtivos, Arrighi (2008) argumenta que estes possuem uma função central nos movimentos de destruição criativa. Em acordo com essa leitura, Harvey (2013) discute os movimentos que convertem o sistema de crédito como algo vital para a circulação do capital fixo. Nesse mesmo sentido, como explica Schumpeter, é por meio do crédito

> [que] os empresários obtêm acesso à corrente social dos bens antes que tenham adquirido o direito normal a ela. Ele substitui temporariamente, por assim dizer, o próprio direito por

25 Exemplos deste estreitamento das relações entre a agricultura capitalista e as políticas voltadas para as mudanças climáticas serão apresentados no capítulo 4.

> uma ficção deste. A concessão do crédito opera nesse sentido como uma ordem para o sistema econômico se acomodar aos propósitos do empresário, como um comando sobre os bens de que necessita: significa confiar-lhe forças produtivas. (Schumpeter, 1982, p. 74)

Dentre as distintas modalidades de negociação de créditos compensatórios de carbono está a chamada "monetização". Trata-se de uma compra antecipada dos créditos de carbono, realizada com a mediação de um banco ou uma financiadora que ofereça este "serviço" à empresa que desenvolve (ou tem a intenção de acoplar à sua produção) um projeto de compensação de GEE. Sinteticamente, esta operação ocorre com a antecipação do valor dos créditos por parte do financiador envolvido, mediante um desconto que reflete os riscos do projeto em questão (validação, registro, risco corporativo etc.); futuramente, os créditos são repassados no mercado com um valor adicional considerando a taxa de juros.

Como se nota, trata-se de uma movimentação própria – embora com particularidades em relação ao valor de uso envolvido – do capital financeiro que se internaliza na esfera produtiva para, em seguida, regressar ao campo especulativo do mercado financeiro.

Sobre este movimento, Harvey (2013, p. 386) enfatiza que a dinâmica da circulação do capital nos "obriga a criar novos instrumentos financeiros e um sistema de crédito sofisticado que impulsiona o dinheiro e o capital que rende juros para um papel proeminente em relação à acumulação". O papel do crédito, nessa perspectiva, torna-se uma nova e terrível arma na luta da concorrência, convertendo-se, assim, num potente mecanismo social de centralização de capitais (Marx, 1984a, p. 197).

Conforme Marx segue em sua explicação sobre as dinâmicas da centralização, "à medida que se desenvolve a produção e acumulação capitalista, na mesma medida desenvolve-se concorrência e crédito, as duas mais poderosas alavancas da centralização". Marx ainda destaca que o avanço dos canais de acumulação "multiplica a matéria centralizável [isto é,] os capitalistas individuais, enquanto a expansão da produção capitalista cria aqui a necessidade social, acolá os meios técnicos, para aquelas poderosas empresas industriais cuja realização se liga a uma centralização prévia do capital" (Marx, 1984a, p. 197).

Sua atenção, naquele momento, estava voltada para os trustes ingleses e estadunidenses que já tinham por objetivo a fusão de capitais, buscando agrupar as grandes empresas de um mesmo ramo de negócios em grandes sociedades de ações, tendendo, na prática, à formação de monopólios. Todavia, antes de avançar sobre estes aspectos, Marx explica detalhadamente como a centralização complementa o curso da acumulação, "ao colocar os capitalistas industriais em condições de expandir a escala de suas operações" (Marx, 1984a, p. 197). Como segue em sua argumentação,

> O capital pode crescer aqui numa mão até formar massas grandiosas, porque acolá ele é retirado de muitas mãos individuais. Seja esse último resultado agora consequente da acumulação ou da centralização; ocorra a centralização pelo caminho violento da anexação – onde certos capitais se tornam centro de gravitação tão superiores para outros que lhes rompem a coesão individual e, então, atraem para si os fragmentos isolados – ou ocorra a fusão de uma porção de capitais já constituídos ou em vias de constituição mediante o procedimento mais tranquilo da formação de sociedades por ações – o efeito econômico permanece o mesmo. (Marx, 1984a, p. 197)

Nesse sentido, é importante atentar para "as leis da centralização ou da atração de capital por capital" dentro das particularidades da economia de baixo carbono, sobretudo em relação às inovações tecnológicas e reorganizações produtivas, pautadas pela disputa de uma concorrência específica gerada no contexto das mudanças do clima. Nas últimas décadas, a movimentação em torno do setor energético – seja pelos acordos de cooperação entre países e grandes companhias, seja pela ação de capitalistas individuais – têm conduzido a processos de anexação de capitais, como pode ser constatado pelas iniciativas das principais petrolíferas.[26]

---

26 Apenas para citar algumas: a Saudi Aranco possui 11 centros de pesquisa em diferentes países, ocupados em desenvolver inovações tecnológicas

Embora os recursos ainda sejam direcionados para os combustíveis fósseis, as empresas petrolíferas têm investido progressivamente em tecnologias voltadas para a energia renovável, contabilização de suas emissões, serviços ambientais, compra de créditos compensatórios de carbono, entre outras atividades que envolvem a incorporação de capitais adicionais.[27]

Verifica-se neste contexto que a contradição entre energias renováveis e não renováveis, mais do que representar uma ação efetiva de transição energética, aponta para um processo de centralização de capitais, cujo movimento também pode ser identificado nas diversas alianças firmadas nos fóruns internacionais sobre mudanças climáticas. Dentre as que envolvem estratégias de cooperação para inovações tecnológicas, estão: Global Gas

---

voltadas para a tecnologia de exploração de combustíveis fósseis, como também para a gestão de emissões de GEE, entre outras ações voltadas para a inovação tecnológica em eficiência energética (disponível em: www.saudiaramco.com/en/home.html); a Rosneft desenvolve programas voltados para tecnologias alternativas de energias, dentre elas o desenvolvimento de uma nova geração de painéis solares baseados em óxido de metal com um fator de eficiência mais elevada e de baixo custo, tecnologias para a produção de bio-óleo de petróleo a partir de materiais recicláveis e de resíduos, gestão de emissões de GEE etc. (disponível em: www.rosneft.com/Development/); a BP possui uma diversificada pasta de inovações tecnológicas direcionadas para eficiência energética de baixa emissão; investimentos na produção de biocombustíveis (inclusive no Brasil), investimentos em créditos compensatórios de carbono etc. (disponível em: www.bp.com/en/global/corporate/news-and-insights/press-releases/bernard-looney-announces-new-ambition-for-bp.html); a Shell desenvolve pesquisas voltadas para tecnologias de baixa emissão, com o objetivo de se tornar uma empresa de energia com emissões líquidas zero até 2050 (disponível em: www.shell.com/energy-and-innovation/the-energy-future.html, acessos em: 30 mar. 2025).

27 Sobre a anexação de capitais adicionais pelos processos de centralização, Marx diz o seguinte: “Os capitais adicionais [...] constituídos no transcurso da acumulação normal servem preferencialmente como veículo para a exploração de novas invenções e descobertas, sobretudo de aperfeiçoamento industrial” (Marx, 1984a, p. 198).

Flaring Reduction Partnership,[28] tendo como participantes a BP, Chevron, Exxon Mobil, Kuwait Oil Company, Pemex, Qatar Petroleum, Shell, Statoil, entre outras; Methane to Markets,[29] da qual participam a Anglo Coal Australia, General Electric Australia, Caterpillar, Mitsui Mining, Mitsubishi, Sinocal etc.; Cement Sustainability Initiative,[30] contando com a participação de grandes cimenteiras, como Cemex, China Resources Cement, Heidelberg Cement, Lafarge Holcim, Taiheiyo Cement, Votorantim e West China Cement; e Refrigerants Naturally Initiative,[31] com a participação da Coca-Cola, Pepsico, McDonalds, Sabmiller, Unilever; entre outras.

Além do crescimento nos investimentos em tecnologias voltadas para a geração de energia elétrica de baixa emissão, o surgimento dos mercados *ad hoc* – amparados pelas diretrizes instituídas internacionalmente e regulamentadas pelos Estados nacionais que, por um lado, permitem a compensação de externalidades e, por

---

[28] O investimento em pesquisa e tecnologias capazes de incorporar o uso de gás natural associado à produção de petróleo está entre os objetivos desta aliança. A iniciativa busca eliminar entraves técnicos, difundir práticas e o desenvolvimento de programas de redução de queima de gás na produção de petróleo. Conforme o texto institucional. Para mais detalhes, acessar: www.worldbank.org/en/programs/gasflaringreduction#4. Acesso em: 27 ago. 2024.

[29] Trata-se de uma parceria internacional que reúne governos nacionais, entidades do setor privado, bancos internacionais, ONGs, entre outros participantes interessados em colaborar com tecnologias capazes de reduzir emissões de metano. Dentro disso, busca-se a recuperação do metano e sua utilização como uma fonte de energia limpa. Para mais informações, acessar: www.globalmethane.org/index.aspx. Acesso em: 28 ago. 2024.

[30] Esta aliança reúne as principais empresas do setor no mundo com o objetivo de investir em pesquisa e tecnologia capazes de reduzir os níveis de emissões e consumo de energia na produção de cimento. Para mais informações, acessar: www.wbcsdcement.org/index.php. Acesso em: 28 ago. 2024.

[31] É uma iniciativa fundada em 2004, cujos objetivos estão voltados para inovações tecnológicas aplicadas a sistemas de refrigeração na indústria de alimentos. Para mais detalhes, acessar: www.refrigerantsnaturally.com/. Acesso em: 28 ago. 2024.

outro, a flexibilização dos negócios – torna-se um dos objetos que influenciam atualmente a rentabilidade de capitais.

Nota-se que a incorporação de questões ligadas ao ambiente e à sua degradação por parte das empresas capitalistas, sobretudo pelas grandes corporações, se mostra como algo consolidado no interior das estratégias empresariais competitivas.

As oportunidades que surgem neste contexto de concorrência derivam de políticas que criam condições normativas para a penetração do capital nos territórios mais porosos, estimulados pelas "novidades" da economia verde. Basicamente, esses negócios estão baseados no chamado "modelo tripartite", como observam Ramos e Romano (2013). Isto é, modelos produtivos que: 1) possuem melhores desenhos e desenvolvimento de produtos sustentáveis; 2) atraem mais clientes, o que por sua vez resulta em; 3) vendas crescentes. Para os autores, este modelo:

> É sustentavelmente falido desde seu início, pois a eficiência energético-material de um produto não implica a redução do consumo de energia e materiais (e de geração de dejetos) por parte do sistema econômico em seu conjunto; todo contrário, se as vendas aumentam, o consumo total muito provavelmente o fará, o que repercutirá nos ciclos de produção ampliados, mais eficientes por unidade produtiva, mas talvez também mais devastadores se se olha para seu conjunto. (Ramos; Romano, 2013, p. 76, tradução nossa)

Para além destes aspectos destacados pelos autores, tais negócios se tornam 'insustentáveis' não apenas pelas demandas crescentes e suas consequências do ponto de vista da escassez dos recursos, mas, essencialmente, pelas contradições em que o próprio capital se reproduz. No momento em que se extinguir o diferencial da redução de emissões de gases de efeito estufa, ou a incorporação de matrizes energéticas mais eficientes se equalizar, isto é, quando não representar mais uma vantagem ante a concorrência e as taxas de lucro decaírem, os capitais acumulados entram em cena novamente e surge, então, uma nova fase de destruições criativas, espoliações sistêmicas e ajustes espaciais, aprofundando (e realocando) o desenvolvimento geográfico desigual.

Novos usos e significados econômicos da floresta

Na racionalidade presente nas propostas da economia ambiental neoclássica, assim como na maioria das políticas para mudanças climáticas, as sobras da transformação da matéria e da energia, esses "não valores", denominados "externalidades ambientais", convertem-se em potenciais equivalentes de capitais, supostamente capazes de atenuar os agravos das mudanças globais do clima, conforme discutido até aqui.

No caso dos projetos florestais, em particular os REDD+, é essencial compreender sua peculiaridade como atividades que não envolvem consumo produtivo. A mercadoria gerada consiste, de maneira imediata, na conservação de massas florestais ou na restauração de áreas degradadas, e seu valor reside no fato de que não se pode consumi-la produtivamente. Nesse contexto, a escassez – elemento fundamental de todo sistema produtivo – manifesta-se por meio da recuperação de florestas devastadas, cuja função compensadora se sustenta a partir do entendimento hegemônico sobre mudanças climáticas.

Diante destas características que conformam estas atividades, questiona-se: como extrair mais-valia de uma atividade que, aparentemente, não possui dispêndio de força de trabalho social? No caso das mercadorias geradas a partir dos "serviços ecológicos" ou "ambientais", ou seja, a partir de créditos ou cotas compensatórias que são comercializadas em mercados especializados, é preciso considerar, para além dos "serviços prestados pela natureza", o trabalho oculto inerente à destruição prévia de determinado bioma.

Sobretudo no caso específico amazônico, trata-se de um trabalho morto que sempre esteve ligado com os movimentos da fronteira e que, no contexto da economia de baixo carbono, conecta-se com o trabalho de restauração ou conservação florestal. Tal conexão manifesta-se em um movimento em que o desflorestamento pretérito se relaciona, contraditoriamente, com o trabalho presente de restauração ou preservação, assim como o trabalho que realiza as projeções futuras da evolução (ou redução) do desmatamento, expressos em estoques de carbono.

No caso das atividades que se restringem à conservação florestal e sua incorporação enquanto "sumidouro de carbono", o trabalho pretérito também deve ser considerado, sobretudo em relação aos projetos que envolvem a conservação da floresta amazônica. Apesar do discurso que a classifica enquanto um "bem natural", diversos estudos demonstram como a composição florística amazônica está intimamente relacionada com processos históricos, algo que se assemelha com aquilo que Furlan (2006) denomina "florestas culturais". Trata-se, segundo a autora,

> [daquelas] florestas manejadas pelas populações rurais, particularmente em áreas indígenas, comunidades ribeirinhas, seringueiros, quilombolas, caiçaras entre outros. São espaços sobre os quais as comunidades tradicionais não têm documentos de propriedade privada da terra e a ocupam e usam seus recursos de forma compartilhada. Abrangem florestas de uso comum em terras públicas ou privadas, muitas vezes sobrepostas a áreas protegidas institucionalmente ou com vegetação protegida por lei ambiental. (Furlan, 2006, p. 5)

De maneira mais profunda no tempo, estudos antropológicos e arqueológicos têm demonstrado que a formação da floresta amazônica é resultado de movimentos culturais milenares, como demonstram as pesquisas de Baleé (1989; 1994), Clement (2006), Erickson (2008), Magalhães (2009; 2010); Smith (1999), Neves, (2022) e outros. Como estas pesquisas evidenciam, a formação histórica da floresta amazônica pode ser identificada pelas manchas de fertilidade encontradas em toda a Bacia do Amazonas, resultado de uma mistura de resíduos e matérias orgânicas que foram carbonizadas e depositadas no solo por populações indígenas ao longo de séculos. Estima-se que este solo, a chamada "terra preta", tenha sido produzido há mais de 4 mil anos, o que os pedólogos denominam por "solo antropogênico".[32]

---

[32] Estudos apontam que este solo é composto principalmente por folhas que serviam para a cobertura de casas, além de sementes, cipós e restos de animais (ossos, carapaças, conchas, fezes, urina etc.). Essa teoria explica a

Nota-se que as maneiras pelas quais se estabelecem as relações de trabalho nas atividades de carbono florestal – especialmente na Amazônia – envolvem um movimento de apropriação de trabalhos que se concretizam fora das conformações capitalistas. Isso inclui desde o trabalho milenar de formação social da floresta e do solo, o mais recente que maneja florestas conforme determinadas práticas culturais, ou mesmo aquele associado aos movimentos da fronteira, que levaram ao desmatamento da floresta e a decorrente conversão do solo em pastagens.

A síntese dos trabalhos diversos na formação do valor de mercadorias ligadas às mudanças climáticas expressa a contradição em que se realizam as atividades compensatórias de gases de efeito estufa em florestas. Isto é, a dialética desmatamento-preservação, cuja combinação se expressa no valor dos projetos de compensação de GEE envolvendo florestas, realiza-se precisamente por meio das relações que se estabelecem entre os trabalhos voltados à recuperação ou conservação florestal e aqueles desenvolvidos ao longo da história – seja na devastação da floresta, seja em sua produção social.

O primeiro trabalho, de história mais recente, está associado aos movimentos da fronteira que se desencadearam entre as décadas de 1960 e 1970, resultando no desmate e na preparação do solo que, de maneira trágica, vem sendo apropriado por grandes proprietários de terras. O segundo expressa-se na paisagem, tanto pela diversidade florística quanto pela organização de algumas espécies fundamentais para a reprodução de grupos sociais que habitam e reproduzem a floresta amazônica.

Em ambos os casos, embora distintos em seus contextos históricos, geográficos e nos impactos imediatos na paisagem, os trabalhos referidos compartilham uma característica fundamental: realizaram-se por meio de relações sociais externas às determinações capitalistas. Paradoxalmente, tanto os trabalhos associados ao manejo florestal quanto aqueles ligados à abertura de fronteiras

prática cultural do povo que habitou determinada área e colocava materiais de origem orgânica em locais específicos. Ver Kern; Costa (1997).

– aparentemente antagônicos – encontram-se contraditoriamente vinculados à reprodução do capital.

Nesse movimento dialético, observa-se que o capital, em consonância com os processos de acumulação por despossessão (Harvey, 2004), não apenas se apropria de relações não capitalistas de produção, mas as reelabora ativamente em novos contextos histórico-geográficos. Essa dinâmica, conforme discutido introdutoriamente, é conduzida pela contradição "interior-exterior" (Luxemburgo, 1989), que se configura como um mecanismo estrutural da reprodução espacial e histórica do capital.

Tal contradição manifesta-se na dupla capacidade do sistema em, simultaneamente, internalizar formas não capitalistas de produção e externalizar seus limites e contradições. Portanto, a violação da integridade das florestas por meio da degradação ou, inclusive, da destruição das condições fundamentais de produção e reprodução não é algo externo à economia, mas pertence a seu desenvolvimento contraditório.

A partir do pressuposto de que, em termos marxistas, todo o meio de produção gera uma nova escassez econômica que previamente não existia, Smith (2015), em sua discussão sobre a "bancarização" dos pântanos nos EUA, afirma que, qualquer que sejam as condições físicas ou ecológicas, o cerne do valor de uso de atividades compensatórias envolvendo "serviços ecológicos" é sua capacidade de gerar valor de troca mediante as novas condições de escassez criadas. Nestes termos, pode-se dizer que a mais-valia gerada por este tipo de atividade é extraída não só do trabalho imediato de restauração ou conservação florestal, mas de sua combinação com o trabalho pretérito latente na devastação prévia, além dos referidos trabalhos milenares de formação histórica da floresta. Trata-se, portanto, de uma relação dialética que se conforma entre a devastação e a conservação da floresta.

Desse modo, constata-se que a apropriação desses distintos trabalhos configura um processo singular de acumulação por despossessão, que ultrapassa os limites analíticos da crítica convencional à "mercantilização da natureza". Embora essa perspectiva cumpra um papel fundamental ao denunciar os mecanismos de apropriação capitalista, ela frequentemente permanece circunscrita a uma concepção exógena da natureza, compreendida como um bem comum preexistente que seria capturado pela lógica capitalista. Uma análise dialética – ou uma leitura histórica da produção da natureza – revela, contudo, que esta não constitui uma realidade exterior às dinâmicas sociais, mas sim um produto histórico-geográfico.

Em vista disso, a mercantilização da natureza não se limita à apropriação de elementos biofísicos e da diversidade biológica. Ela representa antes um movimento complexo de captura e ressignificação de múltiplas formas de trabalho que são rearticuladas no marco das transformações climáticas globais. Como demonstrado, essa transformação está profundamente condicionada por uma compreensão particular da crise climática contemporânea, engendrando assim novas formas de produção da natureza que se integram às dinâmicas expansionistas do capital.

As atividades compensatórias de emissões de gases de efeito estufa residem em um simulacro, em uma emulação da ausência do projeto e que não consegue ir além da lógica do mercado. Trata-se, como apresentado na introdução, do trabalho que define a "linha de base" destas atividades, ou seja, o trabalho que define e aplica a metodologia para a valoração dos créditos compensatórios de carbono. Estes são gerados a partir de uma simulação de um cenário – uma situação hipotética – de emissões de gases de efeito estufa, que poderia ser atribuída a determinada área desmatada em restauração ou a uma porção florestal que esteja sob pressão, mas que supostamente teria sua conservação assegurada pela presença de um projeto de REDD+.

Para além da quantificação dos estoques de carbono armazenados em massas vegetais, essas atividades envolvem relações que extrapolam o presente, criando novas formas de apropriação de bens coletivos. Elas incluem, além dos "serviços ecossistêmicos", o trabalho que a produziu ao longo do tempo. Neste caso, a contradição interior-exterior, chave para a reprodução do capital, se estende tanto do ponto de vista geográfico quanto histórico na medida em que ocorre um alargamento temporal na apropriação do trabalho pretérito intrínseco à floresta amazônica.

Sobre isso, é importante considerar que Marx (1985a) chama a atenção para o fato de que "o mais-trabalho e, portanto, mais-produto são em geral confundidos com renda fundiária". Assim, torna-se imprescindível uma discussão sobre a renda da terra no contexto das mudanças globais do clima, especialmente no que diz respeito à ressignificação das florestas e sua decorrente inserção dentro dos processos de circulação do capital.

Esse quadro levanta questões fundamentais sobre os desdobramentos da crise climática na reconfiguração das formas de renda da terra. A dimensão simbólica atribuída às mudanças climáticas estaria gerando uma modalidade distinta de renda fundiária, na qual o tributo social pago à propriedade agora incorpora não apenas o uso da terra, mas também os fenômenos biofísicos nela contidos. Essa transformação se manifesta especialmente nos novos usos do território vinculados à compensação de emissões, em que diferentes temporalidades do trabalho – desde a formação milenar dos ecossistemas até as intervenções contemporâneas – se articulam para produzir valor.

O cerne da questão reside em compreender como essa ressignificação da terra e da floresta na economia de baixo carbono pode representar uma metamorfose da renda capitalizada. Nesse desenvolvimento, a combinação de trabalhos históricos diversos cria novas porosidades territoriais que possibilitam a penetração do capital, particularmente em sua forma financeira, ampliando assim as fronteiras da acumulação sem fim.

A formação da renda-floresta no contexto das mudanças climáticas globais

Embora análises recorrentes sobre Marx afirmem que o espaço seria "negligenciado" em sua teoria[33] – especialmente por in-

---

33 Para aqueles autores que insistem em afirmar que Marx sequer tratou do espaço, Ariovaldo U. de Oliveira lembra-os sobre o título dos livros que compõem "O Capital": Livro 1 "O processo de produção capitalista"; Livro

terpretações que enfatizam o tempo em detrimento da dimensão espacial na realização do valor –, essas leituras frequentemente escondem a centralidade do território na reprodução do capital. Como demonstra Marx em *Formações econômicas pré-capitalistas*, o território emerge como produto histórico de apropriação: "o que faz com que uma região da terra seja um território de caça é o fato de as tribos caçarem nela; o que transforma o solo num prolongamento do corpo do indivíduo é a agricultura" (Marx, 1977, p. 87).

A partir dessa compreensão, o território – enquanto produto histórico do trabalho humano e, portanto, portador de sentido social – transcende suas supostas qualidades "naturais", assim como qualquer concepção naturalista que o imagine como entidade autônoma em relação às dinâmicas sociais. Essa perspectiva revela como a espacialidade é socialmente constituída, revelando a impossibilidade de separar suas características físicas das relações que a reproduzem continuamente.

Nessa perspectiva, a análise da relação dialética entre valor e espaço – ou o que Moraes e Costa (1984; 1988) conceituam como "contradição valor-território" – configura-se como eixo fundamental para compreender a ressignificação econômica da floresta no contexto das mudanças climáticas globais. Como destacam os autores: "A dialética entre o valor contido (valor do espaço) e o valor criado (valor no espaço) permite alcançar uma compreensão concreta do território, desde que mantida uma perspectiva histórica permanente em sua análise" (Moraes; Costa, 1984, p. 121).

Para isso, os autores destacam a necessidade de distinguir entre o *valor criado* e o *valor contido* pelo espaço. O primeiro refere-se ao valor gerado diretamente pela atividade laboral, que se materializa imediatamente na paisagem por meio de transformações concretas. Essa materialidade espacial, ao sintetizar os meios de apropriação territorial que definem extensões e fronteiras específicas, apresenta

2: "O processo de circulação do capital"; Livro 3: "O processo global de produção capitalista" (Oliveira, 1988, p. 67).

densidades variáveis de trabalho acumulado – fator que determina, em última instância, seu valor real (Moraes; Costa, 1984, p. 121).

Ao mesmo tempo, o dispêndio de trabalho cristalizado em formas desigualmente distribuídas atribui valor em termos de localização e distâncias, o chamado “valor criado”. Isto é, ao mesmo tempo em que o trabalho – independentemente do modo de produção em questão – transfere valor aos objetos que conforma, dirige-se (ou realiza-se) sobre formas preexistentes dotadas de valor relativo a diferentes épocas. Algo que se assemelha com aquilo que Milton Santos chamou de “acumulação desigual de tempos” ou “rugosidades espaciais” para definir as características gerais da organização espacial.

Essa análise revela que nenhuma localização específica – conforme argumenta Deák (2001) em sua discussão sobre a renda do solo urbano – constitui “uma condição ‘permanente’ de produção, nem possui um valor de uso intrínseco: o valor de uso de uma localização é incessantemente transformado” (Deák, 2001, p. 120). Em outros termos, longe de derivar de supostas qualidades “naturais” do espaço (como postula a teoria econômica neoclássica), o valor da localização emerge das necessidades historicamente determinadas de reprodução capitalista, que redefinem continuamente a utilidade e significado dos lugares.

Portanto, é este o sentido, o do valor do espaço, que se expressa na forma das rendas diferencial e de monopólio,[34] em que o preço da terra é relativizado nas dinâmicas que produzem o espaço ao longo do tempo. A terra, como explica Harvey (2013, p. 493),

---

34 Como Harvey explica, “toda renda é baseada no poder monopolista de proprietários privados de algumas porções do globo”. Entretanto, existem situações diferentes em que parece ser aplicável esta ideia: “Em primeiro lugar, os donos de propriedade que controlam uma terra de qualidade ou localização tão especial em relação a algum tipo de atividade podem ser capazes de extrair rendas monopolistas daqueles que desejam usar a terra. [...] Em segundo lugar, os proprietários de terra podem se recusar a liberar a terra improdutiva sob o seu controle, a menos que lhes seja pago um aluguel alto que os preços do mercado das mercadorias produziram sobre aquela terra e estão pressionados acima do valor” (Harvey, 2013, p. 511).

"não apenas supre um estoque de nutrientes a serem convertidos pelo cultivo das plantas e pela pecuária em alimentos e diversas matérias-primas, mas também funciona como um *instrumento* ou *meio de produção*" (grifo original).

Para Marx, a renda é aquela receita que se extrai pelos que detêm a propriedade privada de um material vital, a terra. Em outras palavras, no curso produtivo, a renda é simplesmente o pagamento aos donos de terra pelo direito de usá-la, assim como os recursos encontrados em seu interior (Martins, 1981; Nwoke, 1984; Deák, 1985; Oliveira, 1984; Harvey, 2013; Paulani, 2016). Parte-se do pressuposto de que a renda da terra é a forma em que a propriedade fundiária se realiza economicamente, se valoriza (Marx, 1985a). Entretanto, como Harvey questiona,

> A terra, concebida nesse sentido muito amplo, evidentemente tem tanto valor de uso quanto valor de troca. Então, será que ela tem também um valor? Se tem, como a existência desse valor pode ser conciliado com as teorias do valor que se baseiam no tempo de trabalho incorporado (como a de Ricardo) ou, no caso de Marx, no tempo de trabalho socialmente necessário? (Harvey, 2013, p. 488).

A concepção de natureza pressuposta à noção de renda fundiária, conforme evidenciado pelas questões previamente discutidas, pressupõe a terra como uma dádiva não reproduzível – um recurso que não deriva diretamente do trabalho humano. Contudo, como Marx enfatiza, a renda não emerge espontaneamente do solo. Esses pagamentos são direcionados aos proprietários fundiários e só se tornam possíveis mediante a existência de relações mercantis generalizadas e, sobretudo, da propriedade privada da terra:

> Esse capitalista-arrendatário paga ao proprietário da terra, ao proprietário do solo explorado por ele, em prazos determinados, por exemplo anualmente, uma soma em dinheiro fixada contratualmente (assim como o prestatário paga juros determinados pelo capital monetário). A essa soma de dinheiro se denomina renda fundiária, não importando se é paga por terras cultiváveis, terreno de construção, minas, pesqueiros, matas etc. Ela é paga por todo o tempo durante

> o qual o dono da terra emprestou, alugou o solo ao arrendatário. A renda fundiária é aqui, portanto, a forma em que a propriedade fundiária se realiza economicamente, se valoriza. (Marx, 1985a, p. 125-126)

Dentro das particularidades do modo de produção capitalista, a renda da terra realiza-se enquanto um lucro extraordinário permanente. Portanto, "ela é produto do trabalho excedente, ou seja, é fração da mais-valia. É, mais precisamente, componente particular e específico da mais-valia" (Oliveira, 1990, p. 43). A renda da terra no modo de produção capitalista, explica Oliveira, "é sempre sobra acima do lucro (do lucro médio que todo capitalista retira de sua atividade econômica, lucro esse sem o qual nenhum capitalista colocaria seu capital para produzir)" (Oliveira, 1990, p. 43).

É neste sentido que Harvey (2013, p. 496) vai destacar que a renda é "aquele conceito teórico mediante o qual a economia (de qualquer tipo) tradicionalmente enfrenta o problema da organização espacial". Desse modo, entende-se que a renda proporciona uma base para diversas formas de controle social sobre a organização espacial e para o desenvolvimento do capitalismo. Isto é, a terra serve não só como um meio de produção, mas, também, como uma "fundação, como um lugar e um espaço que proporciona uma base de operações" (Marx, 1967, p. 717-718, citado em Harvey, 2013, p. 496).

A localização, tal como formulada na teoria da renda por Marx a partir dos fundamentos ricardianos,[35] assume papel central na compreensão da renda diferencial. Essa importância se manifesta em duas dimensões complementares: na renda diferencial I, em que a posição relativa do terreno influencia diretamente as variações de fertilidade; e na renda diferencial II, na qual a densidade

[35] Em suma, como explica Deák (1992, p. 45), o "conceito de renda no pensamento da economia clássica da linhagem Smith-Ricardo-Marx é de que a renda é um pagamento de transferência do excedente do trabalho entre duas classes: dos capitalistas aos proprietários de terra, em troca de direitos de uso desse recurso natural – dádivas da natureza – monopolizado por aqueles últimos enquanto classe".

espacial e a centralidade do local se tornam fatores decisivos para a potencialização dos ganhos do proprietário fundiário. Como Nwoke bem explica sobre a noção de renda fundiária em Marx:

> Sua renda diferencial foi tratada em muito da mesma maneira como a renda ricardiana, mas, ao contrário da renda diferencial de Ricardo, isso foi dividido em dois sub-tipos: renda diferencial tipo um (RD I) devido puramente às variações naturais em condições de produção, isto é, variações na fertilidade do solo, localização geográfica, ou condições climáticas [...]; renda diferencial de tipo dois (RD II) devido a variações em condições do resultado da produção dos diferentes investimentos de capital. (Nwoke, 1984, p. 32, tradução nossa)

Em sua análise da renda diferencial, Harvey estabelece um paralelo com os mecanismos da mais-valia relativa, particularmente no que concerne às vantagens proporcionadas pela tecnologia. Contudo, ao contrário da efemeridade que caracteriza a mais-valia relativa baseada em inovações tecnológicas, os ganhos extraordinários em função de localizações privilegiadas "deve ser encarado num primeiro momento como permanentemente fixo" (Harvey, 2013, p. 498).

É importante entender que, no sentido em que Harvey e outros autores como Bunker e Ciccantell (2006) tratam a renda diferencial, a localização se relaciona, em grande medida, aos ganhos expressos em termos de custo de transporte mais baixo. Além da localização em si, que pode conferir vantagens adicionais ao proprietário da terra, Harvey (1990) também considera que, a depender do tipo de capital acrescido ao solo, o aumento obtido na produtividade pode adquirir um aspecto fixo e relativamente permanente, tendo em vista equipamentos que auxiliam na produção, como silos, sistemas de irrigação, estufas etc.

Como analisa Paulani, essas melhorias, uma vez incorporadas ao espaço produtivo – ainda que produzidas pelo capital –, passam a operar "como diferenciais de fertilidade, pois a produtividade do trabalho nos terrenos em que elas existem será maior do que a implícita no preço regulador do bem agrícola objeto de produção" (2016, p. 519).

Entretanto, sobre as "melhorias permanentes no solo", Marx (1985a) diferencia que o capital fixado à terra pode ser tanto aquele "em caráter mais ou menos transitório", associado às chamadas "melhorias da natureza" – adubação do solo, defensivos químicos e, atualmente, as alterações genéticas – quanto os de "caráter mais ou menos permanente", como os mencionados anteriormente, associados aos equipamentos produtivos. Como Marx lembra em nota, n'*A miséria da filosofia*, esse capital incorporado à terra pode ser denominado de "capital-terra" e, assim como outros capitais, ele também não é eterno:

> A terra capital é um capital fixo, mas este se desgasta como os capitais circulantes. As melhorias introduzidas na terra necessitam de reprodução e manutenção; duram um certo tempo, e este é o seu ponto em comum com todas as outras melhorias usadas para transformar a matéria em meio de produção. Se a terra-capital fosse eterna, certos terrenos, hoje, apresentariam um aspecto que não têm: veríamos os campos de Roma, a Sicília e a Palestina em todo o esplendor da sua antiga prosperidade. (Marx, 1985b, p. 152)

Neste ponto, é importante relembrar que o processo de produção capitalista lida com dois tipos de capital: o variável, constituído pela força de trabalho, e o constante, caracterizado pelos demais elementos que conformam a dinâmica produtiva (máquinas, infraestruturas, insumos, matérias-primas etc.). Em ambos, como ressalta Paulani,

> O conhecimento está aí presente indiretamente, objetivado no capital constante, particularmente naquela parcela desse capital que toma a forma de capital fixo (ferramentas, equipamentos, máquinas etc.), além de estar presente também, sob a forma da habilidade dos trabalhadores, no capital variável. O valor relativo à produção do conhecimento enquanto tal, porém, não aparece em nenhum lugar, a não ser indiretamente no valor aumentado da mão de obra mais qualificada. (Paulani, 2016, p. 529)

Como segue em sua argumentação, a autora chama a atenção para certas mercadorias que, atualmente, são feitas só de conhecimento, dando o exemplo paradigmático do setor de informática. Nesse caso, continua ela, teríamos um tipo de renda absoluta, semelhante à renda absoluta da terra diagnosticada por Marx como fundamentada na simples existência da propriedade (Paulani, 2016, p. 530). Trata-se, segundo essa linha de raciocínio, de uma "renda do saber" que, apesar de se assemelhar à renda absoluta da terra pelo traço comum da propriedade, não se caracteriza pela escassez (elemento que confere o poder intrínseco à propriedade da terra), mas pela sua profusão.[36]

Nesse sentido, ao considerar o caso específico das atividades florestais compensatórias de carbono, ou outras que têm como característica a comercialização de cotas de biodiversidade, deve-se levar em consideração esse tipo de renda restrita ao saber. Como será aprofundado adiante, o desenvolvimento desses projetos exige uma série de aparatos digitais, particularmente os ligados ao geoprocessamento, assim como metodologias específicas de metrificação do carbono estocado na floresta e sua decorrente projeção futura.

Vale acrescentar que as metodologias que estabelecem a linha de base para que o projeto de compensação de carbono florestal se efetive são controladas por poucas empresas,[37] cuja competência depende de técnicas e metodologias sobre as quais possuem o monopólio e, em grande medida, de seu reconhecimento por órgãos competentes que certificam projetos mitigatórios de GEE.

Essas atividades, ao projetarem cenários futuros para florestas constituídas historicamente – e, portanto, já impregnadas de valor

---

36 É por essa característica que a autora argumenta: "O *software*, justamente pela sua natureza de bem sem valor (não é preciso trabalho para reproduzi-lo), tem o caráter de um bem livre, ou seja, abundante, e por isso não deveria ter preço" (Paulani, 2016, p. 530).

37 Entre as empresas habilitadas a auditar e validar créditos de carbono provenientes de projetos de REDD+, estão: Asociación Española de Normalización y Certificación (Aenor); Bureau Veritas Certification; Det Norske Veritas; Ecocert S.A; Environmental Services, Inc.; KPMG Forest Certification Services; Jaco; Rainforest Alliance; Scientific Certification Systems (SCS); TÜV SÜD.

–, estabelecem uma relação dialética com o trabalho pretérito, apropriando-se desse valor latente mediante a ressignificação contemporânea dos usos e significados atribuídos à terra e à floresta.

Conforme o mercado de terras se generaliza, o capital social objetivado nas distintas configurações espaciais reassume seu papel na formação da renda diferencial, porém com características ampliadas que transcendem as vantagens meramente logísticas, como distâncias reduzidas, e as melhorias físicas incorporadas ao solo.

Essa dinâmica relativiza o caráter supostamente permanente da localização como fator determinante. Como observa Moreira (1999), mesmo diante da fixidez espacial, o capital historicamente depositado no território apresenta uma potência produtiva múltipla – derivada originalmente da fertilidade do solo, e agora pelo reconhecimento do potencial produtivo da biodiversidade.

Entretanto, o trabalho "morto" intrínseco às organizações do espaço e às distintas conformações territoriais (descontinuamente acumulado no tempo e no espaço) é revolvido a partir de novos usos e significados atribuídos à terra e aos seus objetos, que se alteram em distintos momentos de circulação do capital enquanto renda territorial. Mais do que determinar o que é a renda da terra, é também preciso discutir o que ela está se tornando diante dos inúmeros significados,[38] rearranjos produtivos e novos usos atribuídos à terra e a seus equipamentos.

Nesse sentido, o trabalho pretérito que se apresenta muitas vezes enquanto "imóvel", "morto" ou "fixo no espaço" mostra-se como latente, pulsante ou reavivado na medida em que se criam novos valores de uso ao lado das possibilidades de apropriação dos territórios. Assim, de maneira semelhante ao que ocorre com os fenômenos desencadeados pela busca de mais-valia relativa, há

---

38 Dentre um dos mais potentes elementos de diferenciação da renda terra contemporaneamente, talvez seja o aspecto simbólico atribuído a determinadas localidades. Sobre isso, Arantes fala em termos de "renda da forma" ao tratar de um tipo de arquitetura que circula como imagem: "seu valor de uso é o de representação e distinção. [...] A renda que geram é similar à renda fundiária, porém diferente: é uma renda monopolística intrínseca à sua forma arquitetônica única e espetacular" (Arantes, 2010, p. 162).

um processo de desarranjo ou de um certo abalo ao equilíbrio que se expressa em renda territorial. Esta surge da transmutação do trabalho concreto em renda capitalizada.

A visão geral de que o tempo de trabalho determina o valor da mercadoria não se aplica somente ao trabalho presente (entre viventes), mas, na mesma proporção, naquele contido previamente em máquinas, equipamentos, como também nas matérias-primas e usos da terra recriados continuamente – mesmo que estes não resultem em um consumo produtivo imediato, como nos casos aqui apresentados sobre compensação de GEE em florestas.

No que concerne às particularidades da economia de baixo carbono e a maneira pela qual as florestas são ressignificadas atualmente, é necessário considerar não apenas o papel da propriedade da terra, como também da apropriação da floresta e seus atributos biofísicos na conformação da renda territorial gerada por atividades como os REDD+.

Além do aspecto central, no que diz respeito ao valor atribuído às florestas no contexto das mudanças climáticas – portanto, extrapolando os diferentes níveis de escalas geográficas –, é necessário atentar para o fato de que grande parte dos projetos de compensação florestal de carbono no Brasil localiza-se em territórios amazônicos. Isso significa dizer que a localização, neste caso, conecta-se a um aspecto simbólico, tanto no que diz respeito à imagem que representa a floresta amazônica em mercadorias mitigatórias aos efeitos das mudanças do clima quanto no que se refere à apropriação de sua diversidade biológica.

Sobre aspectos que se assemelham ao discutido aqui, Moreira provoca uma reflexão crucial ao indagar "de que modo a biodiversidade não assume atualmente essa perspectiva do novo, da novidade, da inovação?" (1999, p. 122). Essa interrogação revela como, no âmbito da economia verde e da economia de baixo carbono, emergem novos mecanismos de apropriação de bens comuns. Esses bens, produtos de uma natureza historicamente construída na Amazônia – que engloba tanto sua rica biodiversidade quanto seus múltiplos significados culturais –, são ressignificados pela lógica da competição capitalista. Neste curso, elementos como o ar, o solo, a água e a floresta são convertidos em raridades mercantis submetidas à economia política do espaço que foca na propriedade da terra em termos de rendimentos.

Neste sentido, a compensação de externalidades surge como um novo momento de produção do valor, em que sua circulação se dá entre o produtivo e o financeiro por uma via reversa. Isto é, o que se extrai enquanto possibilidade de rendimentos não é a matéria-prima inicial, mas a matéria de um último movimento da composição de uma mercadoria que requer, atualmente, a compensação de seus rejeitos.

A difícil relação entre as rendas diferenciais – isto é, aquela que se fundamenta na fertilidade em condição de comparação e a que se diferencia pelos equipamentos produzidos e alocados sobre a terra – ganha novos contornos no contexto da economia verde. No contexto analisado, esse processo dinâmico, impulsionado pelo capital financeiro em sua busca incessante por lastros na realidade, efetua a apropriação de um capital histórico ancestral – originalmente um bem coletivo – transformando terra e floresta em formas de capital fictício.

Os projetos de compensação de emissões florestais e de créditos de biodiversidade, ao se converterem em ativos negociáveis em mercados especializados, cumprem uma dupla função no âmbito do chamado capitalismo verde. Por um lado, atuam como instrumentos de legitimação discursiva sob a égide da responsabilidade ambiental. Por outro, materializam-se como reservas patrimoniais estratégicas, à semelhança dos latifúndios tradicionais utilizados como garantia para operações de crédito financeiro.

Como demonstra Harvey (2013) e posteriormente Paulani (2016), a propriedade territorial assume assim a forma de capital fictício nos mercados fundiários, criando as condições para que o solo florestal se torne mais um campo de expansão para a circulação do capital portador de juros. Esse movimento revela como a financeirização ambiental redefine os usos tradicionais da terra, subordinando-os às lógicas da acumulação financeira.

Com os desdobramentos diversos sobre o caráter da renda da terra e seus possíveis significados contemporâneos, surgem novas estratégias de domínio sobre certos territórios que passam a ser objeto de especulação nos mercados financeiros. As estratégias de apropriação de ecossistemas como componentes da concorrência intercapitalista (contraditoriamente pelo seu consumo não produtivo), a partir da apropriação do conhecimento científico e cultural, vêm convertendo parte dos territórios (sobretudo indígenas e camponeses) em ativos financeiros.

Essa dinâmica – ligada à questão das mudanças climáticas atuais e à consolidação progressiva de uma economia verde, cuja característica é incorporar as incongruências do modo de produção capitalista ao seu ciclo regular – recoloca o debate da apropriação da terra e da floresta na ordem do dia.

A PRODUÇÃO HISTÓRICA DA NATUREZA: ELEMENTOS PARA SE PENSAR A REPRODUÇÃO DO CAPITAL DIANTE DAS MUDANÇAS CLIMÁTICAS

Este capítulo apresenta uma reflexão fundamentada nas formulações de Marx e Engels sobre os conceitos de "natureza" e "produção", articulando-as com a leitura espacial desenvolvida por autores como Henri Lefebvre e Milton Santos no âmbito do pensamento crítico. A partir desta fundamentação, o texto se estende para uma discussão sobre as novas estratégias de acumulação, criadas no contexto das mudanças climáticas, a partir de uma perspectiva sobre a "produção histórica da natureza" (Smith, 1991; 1998a; 1998b; 2015; Katz, 1998; Castree, 1995; 2001; Boyd *et al.* 2001; Harvey, 2000; 2004) e de uma compreensão sobre a "ruptura sociometabólica do capital" (Mészáros, 2002; Foster, 2005; 2013; Fraser, 2015; Saito, 2019; 2021).

Com base nestes referenciais, discute-se, essencialmente, como os arranjos econômicos para mitigar os impactos gerados ao longo do processo de acumulação do capital (como emissões de gases de efeito estufa) podem representar particularidades à história geográfica do capitalismo, com desdobramentos específicos para se pensar o desenvolvimento geográfico desigual. Trata-se, pois, de novas formas de produção da natureza, em que a compensação de "externalidades" somada à lógica da financeirização e às temporalidades criadas por meio de projeções computadorizadas – como modelagens climáticas ou de alterações da cobertura florestal – promovem uma transformação intensa e profunda na "natureza". Além desta discussão fundamental sobre os conceitos de natureza e produção dentro do pensamento crítico, o capítulo aborda as atuais tendências de mercantilização da "natureza" e suas variáveis, inseridas em um contexto de formação de "novas" estratégias de acumulação de capital.

Sobre produção, natureza e o pensamento crítico

A produção, na perspectiva da teoria crítica, é um movimento histórico fundamental, uma determinação de "todas as épocas", que estabelece a relação dialética entre os seres humanos e a natureza. Essa relação, mediada pelo trabalho, é o que Marx reconhece como "metabolismo", uma necessidade que não pode ser anulada, mas que assume diferentes formas ao longo do espaço e do tempo, cujas particularidades são definidas pelos contextos históricos. Ao mesmo tempo em que é uma categoria particular, no sentido de estabelecer especificidades dentro de um contexto histórico-geográfico que a define, a produção é uma categoria geral (ou uma abstração racional), por fornecer o elemento comum aos diferentes períodos históricos. Como escreve Marx no texto introdutório dos *Grundrisse,* trata-se de uma "abstração razoável, na medida em que efetivamente destaca e fixa o elemento comum, poupando-nos assim da repetição". Contudo, esse caráter geral,

> É ele próprio algo multiplamente articulado, cindido em diferentes determinações. Algumas determinações pertencem a todas as épocas; outras são comuns apenas a algumas. [Certas] determinações serão comuns à época mais moderna e à mais antiga. Nenhuma produção seria cabível sem elas; todavia, se as línguas mais desenvolvidas têm leis e determinações em comum [com] as menos desenvolvidas, a diferença desse universal e comum é precisamente o que constitui seu desenvolvimento [...]. Por exemplo: nenhuma produção é possível sem um instrumento de produção, mesmo sendo este instrumento apenas a mão. Nenhuma produção é possível sem trabalho passado, acumulado, mesmo sendo este trabalho apenas a destreza acumulada e concentrada na mão do selvagem pelo exercício repetido. *O capital, entre outras coisas, é também instrumento de produção, também trabalho*

> *passado, objetivado [objektivierte]. Logo, o capital é uma relação natural, universal e eterna; quer dizer, quando deixo de fora justamente o específico, o que faz do 'instrumento de produção', do 'trabalho acumulado', capital*[39] [...]. A produção é sempre um ramo *particular* da produção – por exemplo, agricultura, pecuária, manufatura etc. – ou uma *totalidade*. (Marx, 2011, p. 41, grifo original)

Em contraste com essa compreensão, a noção de produção é comumente associada ao âmbito material – ou seja, aquilo que é resultado direto do trabalho humano –, restringindo-se à esfera cotidiana da vida. Na crítica à perspectiva empirista, Marx e Engels destacam que a produção na sociedade se estende também ao plano espiritual, político e ideológico. No entanto, também deixam claro que a produção de ideias e concepções de mundo está intrinsecamente vinculada à atividade material e à sua circulação social. Isto é, essa produção intelectual é condicionada pelo desenvolvimento de suas forças produtivas, particulares de uma época, e, evidentemente, das relações humanas em seus diferentes níveis de envolvimento.

Em *A ideologia alemã*, Marx e Engels ao escreverem sobre Feuerbach e a ideologia em geral mostram que a sociedade produz tanto suas relações econômicas quanto políticas e ideológicas, como expressões de uma totalidade em que a "consciência [*Bewusstsein*] não pode jamais ser outra coisa do que o ser consciente [*bewusste Sein*], e o ser dos homens é o seu processo de vida real" (Marx; Engels, 2007, p. 94):

> A produção de ideias, de representações, da consciência, está, em princípio, imediatamente entrelaçada com a atividade material e com o intercâmbio material dos homens, com a linguagem da vida real. O representar, o pensar, o intercâmbio espiritual dos homens ainda aparece, aqui, como emanação direta de seu comportamento material. O mesmo vale para a produção espiritual, tal como ela se apresenta na linguagem

[39] O trecho grifado é de extrema importância para os capítulos subsequentes, sobretudo para o entendimento dos casos ilustrativos, apresentados no capítulo 4.

> da política, das leis, da moral, da religião, da metafísica etc. de um povo. (Marx; Engels, 2007, p. 93-94)

De acordo com essa perspectiva – a produção e o ato de produzir enquanto universais concretos –, o filósofo francês Henri Lefebvre desenvolve sua teoria da produção do espaço.[40] Em sua visão, o espaço é socialmente produzido; isso significa dizer que não se trata de um dado preexistente nem de um espaço puramente conceitual (como o cartesiano). Ao contrário, as relações sociais de produção, consumo e reprodução social são determinantes da essência do espaço.

Pode-se dizer que é por esse entendimento que a ideia de espaço-natureza é muitas vezes trabalhada em seus textos (sobretudo em *A produção do espaço*) no sentido de contrapor a ideia de um espaço preexistente ou puramente físico. Assim, a noção de espaço-natureza emerge como antítese do espaço socialmente produzido, tornando-se fundamental para compreender o movimento dialético inerente à produção espacial.[41] Sendo assim, para Lefebvre, é impossível sustentar uma visão sobre o espaço como externo à atividade humana:[42]

> Não se pode dizer, do espaço, que seja um produto como qualquer outro, um objeto ou uma soma de objetos, uma coisa ou uma coleção de coisas, uma mercadoria ou um conjunto de mercadorias. Não se pode dizer que seja simplesmente um instrumento, o mais importante de todos os instrumentos, o pressuposto e toda produção e de troca. Estaria essencial-

---

[40] Vale mencionar que a relevância da obra de Henri Lefebvre deve-se, sobretudo, pelo seu pioneirismo em reformular teoricamente a ação política como uma luta sobre a "produção do espaço".

[41] Importa dizer que não há a pretensão de se realizar uma reflexão exaustiva sobre o conceito de natureza na obra de Lefebvre, o que fugiria dos nossos propósitos. Entretanto, é importante reconhecer a relevância da ideia de natureza em seu pensamento, sobretudo no que se refere à formulação do conceito de "produção do espaço".

[42] Em um nível mais detalhado, especificamente sobre a relação antitética entre espaço-corpo, ver Damiani (2008) e Harvey (2004a).

mente vinculado com a reprodução das relações (sociais) de produção. (Lefebvre, 1976, p. 34, tradução nossa)

Trata-se daquilo que Lefebvre definiu como o "espaço abstrato",[43] ou o espaço produzido pelo capitalismo, cujas estratégias territoriais, impostas pela ação do Estado, asseguram a lógica do mercado como dominante:

> Já conhecemos várias coisas sobre o espaço abstrato. Produto da violência e da guerra, ele é político, e instituído por um Estado, portanto institucional. Numa primeira abordagem, ele parece homogêneo; e realmente, ele serve de instrumento àqueles poderes que fazem tábula rasa daquilo que lhes resiste e os ameaça, – em suma, as diferenças. (Lefebvre, 1991, p. 285, tradução nossa)

Entretanto, como Damiani chama a atenção, "sobre esse substrato total e homogêneo do espaço abstrato, há diferenças geográficas" (2008, p. 33). Pode-se afirmar, assim, que é a produção de desigualdades dentro da perspectiva homogeneizante do capital que torna possível a expansão do capitalismo, sobretudo pela maneira em que se produz as diferenças para fins de apropriação de mais-valia extraordinária. Além desse aspecto central – "marca registrada da Geografia do Capitalismo" (Smith, 1991) –, é de fundamental importância reconhecer a dependência das forças externas ao capitalismo para que este se desenvolva enquanto tal.[44]

43 Segundo Henri Lefebvre, o "espaço abstrato" é controlado pelo Estado e pelo capitalismo, sendo um ambiente homogêneo e vazio de significado social, marcado por objetos e formas que negam diferenças naturais, históricas e corporais. Ao passo que o "espaço vivido" é o espaço das representações, "através das imagens e símbolos que o acompanham, portanto, espaço dos 'habitantes', dos 'usuários', mas também de certos artistas e talvez dos que descrevem e acreditam somente descrever: os escritores, os filósofos. Trata-se do espaço dominado, portanto, suportado, que a imaginação tenta modificar e apropriar" (Lefebvre, 1991, p. 39-49).

44 Sobre isso, Rosa Luxemburgo (1983) falou em um "meio ambiente" de formações sociais não capitalistas enquanto condição histórica para a reprodução ampliada do capital. Esta questão, central para o desenvolvimento da nossa argumentação, será aprofundada nos capítulos subsequentes.

Dentro da teoria proposta por Lefebvre, o espaço social não é determinado por sua história precedente, tampouco pelas influências da natureza, como o clima ou as características de um lugar. O espaço social, de acordo com sua perspectiva, contém uma grande diversidade de objetos, naturais e sociais, incluindo as redes e caminhos que proporcionam as trocas materiais e de informações.

Assim, é de fundamental importância levar em conta as mediações e os mediadores dentro do que Lefebvre concebe em sua teoria do espaço, isto é, os objetos não são apenas coisas, são, também, relações:

> Como objetos, eles possuem particularidades discerníveis, contornos e formas. O trabalho social os transforma; ele os situa diferentemente nos conjuntos espaço-temporais, mesmo quando respeita sua materialidade, sua naturalidade: de uma ilha, de um golfo, de um rio ou de uma montanha. (Lefebvre, 1991, p. 77, tradução nossa)

Como mencionado, a partir de uma perspectiva de um espaço produzido socialmente, Lefebvre oferece uma alternativa à visão cartesiana do espaço, presa aos pressupostos da matemática, ou compreendido como algo preexistente. Em sua obra, como mostra Damiani (2012, p. 261), "há a superação da ciência do espaço – lógico-formal – pela categoria de produção do espaço – mais dialética e, assim, mais concreta".

Embora Lefebvre fale em termos de uma "produção do espaço", isto é, uma visão histórica que rompe com a concepção genérica sobre espaço, imaginado como uma realidade material autônoma, que existe em si e para si, aparentemente, sua visão sobre natureza não procede da mesma maneira. A natureza surge em diversas passagens de seus textos como "fonte originária", "recurso necessário", "matéria-prima da Cidade" ou algo que passa a ser controlado ou "destruído pelo homem" em determinado momento da história. Em outras, a natureza aparece como socialmente produzida. Ao tratar dos impulsos transformadores do capitalismo avançado, Lefebvre afirma:

> O avanço das forças produtivas e as novas capacidades técnica e científica de transformar o espaço natural tão radicalmente quanto a de ameaçar a própria natureza. Os efeitos dessa potência destrutiva e construtiva se constatam por todos os lados. Eles se conjugam, muitas vezes de maneira alarmante, com as pressões do mercado mundial. (Lefebvre, 1991, p. 65, tradução nossa)

É possível identificar em outras passagens esse mesmo entendimento sobre uma natureza transformada socialmente, ainda que a maneira pela qual esse processo se realize não fique tão clara. Vale mencionar que, assim como Marx e nomes importantes do pensamento marxista, Lefebvre discutiu o conceito de natureza de forma fragmentada, o que dificulta uma leitura mais precisa sobre o que seria uma visão materialista-histórica (ou dialética) da natureza.

O que chama atenção é que, Lefebvre, ao mesmo tempo que considera uma natureza produzida socialmente diante do alto grau de desenvolvimento das forças capitalistas, a considera como externa, como algo que pode ser destruído e não produzido pelo avanço do capital. Isto é, para Lefebvre, a natureza é e não é exógena. Ao mesmo tempo em que se apresenta como algo independente das forças sociais, ela aparece como socialmente produzida, conforme pode ser identificado em passagens de *Espaço e política*:

> Ao longo de todo o período que acaba de se encerrar, a natureza era considerada como uma sorte de símbolo poético, desprezível ou relegado a segundo plano, que designava não se sabe muito bem se um resíduo, ou algo que aparecia aqui ou ali, fugindo da ação racionalmente realizada. Agora, é sabido que a natureza, ela também é talhada, modelada, transformada, que é, em grande medida, produto da ação humana, e que a face mais íntima da Terra – ou seja, a paisagem – é obra do homem. (Lefebvre, 1976, p. 49, tradução nossa)

Ainda que Lefebvre considere a possibilidade de uma produção social da natureza, em obras posteriores ele se volta à perspectiva de uma natureza em vias de desaparecimento, principalmente em seu livro *A violência e o fim da história* ao discutir o "fim da natureza em Marx", quando torna-se mais evidente a ideia do desaparecimento da natureza diante da expansão capitalista, mais precisamente a partir da automação da produção.

Há uma sutileza na concepção de Lefebvre entre espaço e natureza, no sentido em que a subsunção do capitalismo pressupõe a preservação de algo que é negado em um novo estágio da sociedade, como fica claro no seguinte trecho:

> O 'homem', munido da técnica, reproduzirá o que destruiu, dominando-a, utilizando-a. Nele? Em torno dele? Um vai com o outro. Paradoxalmente, este fim da natureza dada (da riqueza natural que vem como um dom), da espontaneidade, marcará o princípio da apropriação do ser humano de seu próprio ser. E o criará. (Lefebvre, 1973, p. 64, tradução nossa)

Em contrapartida, a diferença entre criação e produção é de fundamental importância para se entender a maneira como Lefebvre trata a noção de natureza em sua teoria do espaço. Ele vai afirmar que a natureza "cria e não produz; ela oferece recursos a uma atividade criadora e produtiva do homem social; mas ela fornece valores de uso e todo valor de uso – todo produto enquanto ele não é trocável – retorna à natureza ou assume a função de bem natural" (Lefebvre, 1991, p. 70).

Nesse sentido, na medida em que se produz o espaço historicamente, a "natureza primária" se retrai, tornando-se cada vez mais uma raridade em vias de desaparecimento para ceder lugar a uma "natureza diferente", ou uma "segunda natureza". Assim, pode-se dizer que a "natureza" se torna problemática enquanto realidade. Isto é, o "domínio" da natureza ou "controle" da sociedade sobre as técnicas e os meios de usos do que se entende por "primeira natureza" estende-se de tal maneira que já não se pode dizer mais em termos de espaços livres da ação humana ou de uma "natureza intocada".

Essa ideia, de alguma maneira, ecoa nos trabalhos do geógrafo Milton Santos, em particular na formulação do conceito do "meio-técnico-científico-informacional". Para Santos, há um movimento de passagem de um meio "natural" para um meio "artificial", pensamento esse que guarda alguma semelhança com as ideias de Lefebvre em relação ao processo de constituição histórica do espaço, isto é, de um espaço socialmente produzido mediante a transformação (e distanciamento) de uma natureza primeira.

Em *A natureza do espaço*, Santos (2004) discute os movimentos que conduzem a passagem de um mundo "quando tudo era meio natural" para um mundo artificializado, "o meio-técnico--científico-informacional", ou "a cara geográfica da globalização". Com isso, o autor entende que há um processo de recuo da "Natureza natural" diante de um crescimento exponencial de um tecnocosmo, criado mediante o adensamento espacial, convertendo-se no "meio de existência de boa parte da humanidade" (Santos, 2004, p. 239). Em contrapartida, em diversas passagens daquele livro, ele se refere a uma "Natureza socializada", ou pelo menos a uma "tecnificação da paisagem", embora ela ainda continue, de certa maneira, como um dado externo à sociedade. Sobre isso, Santos fala em termos de um espaço híbrido:

> Já que a realização concreta da história não separa o natural e o artificial, o natural e o político, devemos propor um outro modo de ver a realidade, oposto a esse trabalho secular de purificação, fundado em dois polos distintos. No mundo de hoje, é frequentemente impossível ao homem comum distinguir claramente as obras da natureza e as obras dos homens e indicar onde termina o puramente técnico e onde começa o puramente social. (Santos, 2004, p. 101)

Nota-se que ao mesmo tempo em que se considera uma "produção social da natureza", por meio de um entendimento de um mundo híbrido,[45] a natureza se mantém como "obra criadora", portanto, uma força exógena à história, destituída das determinações da produção.

Isso significa dizer, como exposto anteriormente, que não se trata apenas de uma produção material da natureza ("primeira"),

45 Vale mencionar que, embora a ideia de híbrido tensione a concepção de uma natureza "pura", mantêm-se fora da perspectiva dialética, na medida em que não admite a negação como parte constitutiva do conceito.

assim como ocorre de maneira bastante explícita nos dias de hoje, mas de uma produção ideológica, política e conceitual da natureza.

Em contrapartida, não se trata aqui de aceitar por completo a perspectiva do construtivismo social,[46] restringindo-se a um entendimento de uma natureza enquanto social por meio de sua edificação discursiva, tornando-a, assim, uma simples construção histórica por meio dos recursos linguísticos. Ao mesmo tempo, como Smith (1998b) sugere, entender a natureza como algo socialmente produzido, nos termos propostos por Marx e Engels, de modo algum implica uma regressão ao romantismo nostálgico do "fim da natureza" ou "a morte da natureza".

Fenômenos expressamente não humanos, da gravidade à interação geoquímica, da fissão nuclear à uma mutação biológica, são bastante reais e suficientemente "naturais". Porém, como observa Smith (1998b), no mundo em que operam, seus efeitos apresentam-se substancialmente ligados com os processos e formas que são sustentados pela ciência sem que estes sejam questionados. Isto é, a ciência "pode manter a ficção de que tais processos e eventos podem ser apreendidos, sem problemas, como forças independentes e puramente naturais" (Smith, 1998b, p. 62).

Nesse sentido, o que se entende por "primeira natureza", no cotidiano social, se torna algo virtualmente inacessível. Tal fato deve-se não apenas pelas dificuldades de se entender os jargões científicos, ou pela complexidade dos conceitos com que se explicam os fenômenos naturais, mas, sobretudo, pelos movimentos

46 *Grosso modo*, trata-se de uma perspectiva que proclama que a realidade física (seja ela social ou natural) é uma construção linguística e social. Tendo como raiz teórica a Psicologia Social, sobretudo os trabalhos de Vygotsky, esta perspectiva se expandiu para as diferentes áreas das ciências humanas, com destaque para a Antropologia da Ciência. Esta tende a tematizar uma ciência construída socialmente, em contraposição a uma ideia de natureza dada ou explicada por "leis puras". Interessantes trabalhos têm sido produzidos com esta postura, em que a descrição (especialmente por meio de uma etnografia dos laboratórios) é mais importante que uma análise ou a explicação dos fatos. Estes, segundo essa perspectiva, surgiriam a partir da exaustiva descrição de uma dada realidade (ver Latour, 2000; Knorr-Cetina, 2005).

históricos contínuos de socialização daquilo que se pode apreender como "natureza".

Sinteticamente, as diferenças entre a primeira e a segunda natureza se restringem, assim, às ações e criações do mundo humano ou não humano. No entanto, com o advento da produção capitalista, e seu decorrente processo de automação, a segunda natureza[47] se torna generalizada, portanto, envolvendo a produção da primeira natureza no interior das dinâmicas de expansão do modo de produção capitalista. Desse modo, na medida em que a primeira natureza também passa a ser produzida, o real significado desta distinção deixaria de existir.

Notas sobre a natureza na perspectiva do materialismo histórico dialético: elementos para se pensar a ruptura metabólica

O debate sobre a reprodução social da natureza no interior do pensamento marxiano remonta, inicialmente, aos *Manuscritos econômico-filosóficos*, de 1844, em que a unidade "do homem com a natureza" é intensamente ressaltada: "a sociedade é, pois, a plena unidade essencial do homem com a natureza, a verdadeira ressurreição da natureza, o naturalismo acabado do homem e o humanismo acabado da natureza" (Marx, 1978, p. 9).

Conforme Schmidt (1976) e mais tarde Smith (1991) identificaram, neste trabalho inicial, Marx ainda se encontra preso à

---

47 Vale destacar, que os escritos sobre a concepção de uma segunda natureza, isto é, uma natureza produzida pela atividade humana, em oposição à natureza herdada, ou não humana, não se restringe à tradição marxista, ao contrário, aparecem em diversos filósofos; desde Platão com sua visão acerca das transformações humanas sobre a superfície terrestre; Cícero que falou da tentativa de criarmos "com nossas mãos [...] uma segunda natureza no mundo natural"; Pascal e sua concepção da natureza decaída, em um mundo onde a concupiscência reina; a segunda natureza de Hegel, que entende esta como algo posto pelo espírito objetivo como uma segunda natureza a partir de si mesmo, constituindo, assim, os costumes e os hábitos que formam uma cultura, entre tantos outros que pensaram uma natureza criada pelo homem, em contraposição a uma natureza impermista e estática.

tradição idealista, sobretudo ao pensamento hegeliano. Somente após as "Teses sobre Feuerbach",[48] em que Marx e Engels se aproximam do que seria uma concepção materialista da natureza, é possível perceber eventuais especificações de uma lógica histórica das relações sociais com a natureza. Nestes escritos, o caráter dialético comum da natureza e da história é reiterado, sem que estas, entretanto, sejam equalizadas, como fica claro nas seguintes passagens de *Ludwig Feuerbach e o fim da filosofia clássica alemã*:

> Mas, o que é verdadeiro na natureza, assim considerada, igualmente, como sendo um processo de desenvolvimento histórico, também o é na história da sociedade em todos os seus ramos e no conjunto das ciências que tratam das coisas humanas (e divinas) [...]. Tratava-se, por conseguinte, aqui, exatamente como no domínio da natureza, de afastar essas relações reais, o que significava, afinal de contas, descobrir as leis gerais do desenvolvimento da sociedade. Mas a história do desenvolvimento da sociedade se revela, entretanto, num ponto, essencialmente diferente da natureza. Na natureza – na medida, todavia, em que não temos em conta a reação sobre ela exercida pelos homens – são simplesmente fatores inconscientes e cegos que agem uns sobre os outros e através de cujo jogo se realiza a lei geral [...]. Na história da sociedade, ao contrário, os fatores que agem são exclusivamente homens dotados de consciência, agindo com reflexão ou com paixão e visando fins bem determinados. Nada se produz sem um fim consciente, desejado. Na maioria dos casos, os numerosos fins visados se entrecruzam ou se contradizem, ou ainda são impossíveis de realizar ou faltam os meios para realizá-los. É assim que os conflitos das inumeráveis vontades e ações individuais criam no domínio histórico uma situação completamente análoga à que existe na natureza inconsciente. (Engels, s/d, p. 74-77)

48 Trata-se de notas filosóficas escritas por Marx por volta de 1845. Estas foram editadas e publicadas por Engels em *Ludwig Feuerbach e o fim da filosofia clássica alemã* e, posteriormente, na edição de *A ideologia alemã*, de 1932, compilada e editada pelo Instituto de Marxismo-Leninismo de Moscou. Para uma leitura sobre as "Teses sobre Feuerbach", ver Labica (1990).

É nesse ponto em que se identifica que o pensamento marx--engelsiano passa a tratar a questão a partir de uma perspectiva histórica, "e não um quebra-cabeça filosófico e abstrato [...]; em vez de discutir os aspectos filosóficos da unidade do 'homem e da natureza', [eles] estava[m] mais interessado[s] nos processos reais que poderiam provocar essa unidade" (Smith, 1991, p. 31, tradução nossa). Assim, a preocupação de Marx e Engels se volta para o trabalho e as relações que daí decorrem entre os seres humanos e a natureza, sobretudo após os referidos escritos sobre a filosofia alemã.

A visão de natureza em termos históricos, como aparece na obra de Marx, embora de maneira dispersa,[49] mas implícita em sua crítica ao capital, possibilita o entendimento destacado anteriormente em relação à maneira pela qual o capitalismo conseguiu unificar a contradição da natureza. O processo de unificação da natureza dado pelo modo de produção capitalista é evidenciado em diversas passagens em A *ideologia alemã*, como na crítica feita a Bruno Bauer:

> Por exemplo, a importante questão sobre a relação do homem com a natureza (ou então, como afirma Bruno, as 'oposições em natureza e história', como se as duas 'coisas' fossem coisas separadas uma da outra, como se o homem não tivesse sempre diante de si uma natureza histórica e uma história natural), da qual surgiram todas as 'obras de insondável grandeza' sobre a 'substância' e a 'autoconsciência', desfaz-se em si mesma na concepção de que a célebre 'unidade do homem com a natureza' sempre se deu na indústria e apresenta-se de modo diferente em cada época de acordo com o menor ou maior desenvolvimento da indústria; o mesmo vale no que diz respeito à 'luta' do homem com a natureza, até o desenvolvimento de suas forças produtivas sobre uma base correspondente. (Marx; Engels, 2007, p. 31)

Além da *perspectiva histórica* proposta por Marx e Engels sobre o entendimento da natureza, portanto, uma perspectiva que recusa

---

49 Para uma análise mais aprofundada sobre como o conceito de natureza está no cerne do pensamento marxiano acerca da reprodução do capital, ver Saito (2021).

a concepção de natureza externa e regida por um sistema de leis, eles oferecem uma *concepção indivisível* de natureza. Embora muitas leituras tendem a interpretar a visão de Marx e, sobretudo, a de Engels, a respeito do desenvolvimento do capitalismo operando de acordo com "leis naturais" – o que não é totalmente equivocado –, não se trata das mesmas leis imutáveis e universais que o físico encontra na "primeira natureza". Trata-se, pois, de "leis" historicamente construídas dentro das dinâmicas sociais, sendo, portanto, passíveis de serem socialmente transformadas ou abolidas, da mesma maneira como foram constituídas no interior das relações humanas.

Em *Anti-Düring*,[50] talvez a principal obra no marxismo a discutir a ideia de natureza, ao lado de *A dialética da natureza*, Engels

---

50 "Essa obra foi escrita para contraditar o filósofo alemão Eugen Dühring, inimigo do marxismo. Dühring, reunindo em sua 'teoria' o materialismo vulgar, o idealismo e o socialismo pequeno-burguês, foi saudado jubilosamente pelos oportunistas, especialmente Bernstein. Em 1877, Engels escreveu uma série de artigos que, em 1878, foram publicados em livro. A revisão desse livro foi feita por Marx, que contribuiu com o capítulo X da segunda parte. O *Anti-Düring* desempenhou importante papel ao desenvolvimento do movimento comunista internacional. Fazendo a crítica das ideias de Dühring, Engels – ao mesmo tempo – realiza a sistematização das afirmações fundamentais do marxismo e faz um resumo das suas atividades científicas e revolucionárias, ao lado de Marx, durante quase 40 anos [...]. O *Anti-Dühring* é, em verdade, a única exposição completa em que Marx e Engels traçam as bases ideológicas de seu sistema, projetando seu método dialético materialista sobre todos os campos do conhecimento humano e equipando o leitor com uma concepção completa do mundo e da vida" (Lenin, 1947, p. 491-492). Vale mencionar, ainda, que esta foi a primeira grande obra do marxismo, tendo grande projeção antes mesmo de *O manifesto comunista* e *O capital*. Gustav Mayer, que escreveu a biografia de Engels em 1919, ressalta que "foi esta obra que realmente revelou aos líderes da social-democracia alemã o conteúdo, o sentido e a essência da teoria de Marx, que era também a de Engels. E, a partir daí, continuou e ainda hoje segue conquistando milhares e milhares, gerações inteiras de trabalhadores para o marxismo [...]. Esta obra é realmente a que inicia uma verdadeira escola e uma verdadeira tradição marxista no continente" (Mayer, 1978, p. 646, tradução nossa).

vai elaborar um movimento intelectual particular, discutindo os processos dialéticos como operante comum à história e à natureza. No prefácio à edição de 1885,[51] em seu relato sobre a recapitulação que fez sobre a matemática e as ciências naturais – momento em que se ocupa a estudar a filosofia da natureza de Eugen Karl Düring –, Engels fala sobre sua convicção:

> Pois, em termos gerais, não havia dúvidas de que, para mim, na natureza se impõe, por meio do caos das inúmeras mudanças, as mesmas leis dinâmicas da dialética que regem também a história, presidem a aparente causalidade dos acontecimentos [...]. Porque é de tal ordem a revolução imposta à ciência teórica da natureza, pela mera necessidade de ordenar as descobertas puramente empíricas que se acumulam em massa, que o mais relutante [empirista] necessariamente tem que levar em conta o caráter dialético dos fenômenos naturais. As velhas antíteses rígidas, as divisórias nítidas e intransponíveis vão se apagando e desaparecendo. (Engels, 1940, p. 15-16, tradução nossa)

O fato de Engels referir-se a "leis dinâmicas da dialética", como operante na sociedade e na natureza, não significa seu alinhamento com a perspectiva que entende a complexidade dos fenômenos em si e por si, como é próprio do conhecimento baseado em nexos sistêmicos. Ao contrário, Engels denuncia (muitas vezes com ironia) a pretensa construção de "sistemas", enquanto um conjunto de ideias concluídas e fechadas. Ao analisar o "sistema" proposto por Düring – "uma concepção *rigorosamente científica* das coisas e dos seres humanos"; "um trabalho intelectual *onipenetrante*"[52] – Engels é categórico em sua recusa:

---

[51] Trata-se da segunda edição do livro, sendo a primeira publicada em 1878. Engels ainda teve a oportunidade de escrever o prefácio de mais uma edição, publicada em 1894.

[52] Trata-se de exemplos de expressões autoelogiosas, recorrentes no texto de Düring – "o florilégio dedicado do sr. Düring pelo sr. Düring" (Engels, 1940, p. 35) –, utilizadas com extrema criatividade por Engels na composição de sua crítica àquele filósofo.

> A consciência de que a totalidade dos processos naturais se encontra inserida em um nexo sistemático impulsiona a ciência a indagar esse nexo sistemático em todas as suas partes, tanto no particular como na totalidade. Porém, querer reduzir este nexo a um sistema científico e fechado, pretender formar uma imagem ideal exata do sistema do mundo em que vivemos é uma quimera [...]. Se em algum momento do desenvolvimento da humanidade fosse construído um sistema semelhante definitivo com as concatenações universais fechadas, tanto física, como espirituais e históricas, esse sistema encerraria o ciclo dos conhecimentos humanos e, a partir do momento em que a sociedade se organizasse sujeita a esse sistema, o que seria um absurdo, se alçaria uma barreira ante todo o futuro histórico, um puro contrassenso. (Engels, 1940, p. 43-44)

Ainda que Engels tenha criticado a influência do positivismo no interior do movimento socialista, suas reflexões foram acusadas por determinada crítica[53] de se aproximarem do "cientificismo positivista" – corrente dominante na segunda metade do século XIX – por estender sua concepção de dialética à natureza. Engels, ao afirmar que a história e a natureza são objetivamente regidas pelas mesmas leis dialéticas – embora sem equalizá-las, como mencionado em citação anterior –, foi alvo de inúmeras críticas que geraram controvérsias acirradas dentro do pensamento marxista.[54]

---

53 Provavelmente, as primeiras críticas à Engels – inclusive, entendendo-o como radicalmente diferente das perspectivas de Marx – foram do filósofo polonês Stanisław Brzozowski e do filósofo jurista austríaco Max Adler. Brzozowski chegou a escrever, em 1910, um artigo intitulado "Anty-Engels", em uma clara alusão ao Anti-Düring. Resumidamente, ambos os autores diferenciam teoricamente Engels como sendo um "evolucionista naturalista", ao passo que a teoria de Marx seria o "verdadeiro" materialismo (ver Dziedzic, 2011).

54 Além das críticas que o enquadram em um "cientificismo positivista", ou em um "transcendentalismo" em oposição ao "materialismo" de Marx, Engels foi alvo de inúmeras acusações de "imprecisões científicas", ou de "Exemplos obsoletos e especulações infundadas no âmbito da cosmologia filosófica" (Kolakowski, 1980, p. 406, tradução nossa). Apesar disso, Engels expressa sua plena consciência da efemeridade dos dados e dos conhecimentos

Além desta crítica central ao pensamento de Engels,[55] há aquelas que concebem a "dialética da natureza" como uma teoria formulada sob a influência direta dos descobrimentos de Darwin, sobretudo pela atmosfera intelectual do darwinismo que havia no período. Apesar da grande importância que Engels atribuiu à teoria de Darwin, particularmente na primeira parte de *Anti-Düring*, em que discute a teoria darwinista para contrapor os agravos de Düring, ele rejeitou "qualquer transferência imediata das leis relativas à vida das sociedades animais para as humanas", como aparece em diversas passagens em A dialética da natureza (Engels, 1979, p. 164). Ainda em suas considerações sobre o darwinismo, Engels ressalta que "a concepção da história como sendo uma série de lutas de classe tem um conteúdo muito maior e mais profundo do que sua simples redução ao conceito de luta pela vida".

Como se nota, a coisa toda era pensada do ponto de vista histórico, ao contrário das perspectivas da Economia Política em voga, que buscavam encontrar, na teoria darwinista da luta pela existência, a confirmação da tese da guerra de todos contra todos (princípio da livre concorrência) sustentada por Hobbes.[56] Apoiado

---

científicos utilizados em seu texto, como fica claro no prefácio da segunda edição de *Anti-Düring* (ver Engels, 1940, p. 16).

55 Gustav Mayer, um dos principais biógrafos de Engels, mostra como tais críticas a seu pensamento – equiparando-o a um "cientificismo positivista", ou os mais brandos que o qualificam como um "antimetafísico" – têm suas limitações. Ao contrário disso, como comenta o biógrafo, a dialética da natureza, sobretudo o que se expõe na primeira parte de *Anti-Düring*, se mostra como "uma apologia da filosofia alemã contra o positivismo que se insurgia contra ela e contra o materialismo das ciências naturais, cuja influência penetrava cada vez mais também nos círculos operários" (Mayer, 1978, p. 687, tradução nossa).

56 Como bem explica Hunt, em *Leviathan* (1651), Hobbes defende que todos os motivos humanos são movidos por um egoísmo inato, inclusive a compaixão, levando, sem restrições sociais, a um estado de guerra "solitário, pobre, brutal e curto". Para evitar esse conflito, ele propõe um monarca absoluto, enquanto outros pensadores posteriores sugerem que o mercado, por sua "mão invisível", seria a solução para harmonizar a competitividade natural dos homens (Hunt, 2005, p. 120).

nesse pensamento, a Economia Política burguesa esforçava-se para demonstrar que toda a argumentação contrária (sobretudo a socialista) estaria negando as leis gerais da natureza.

Em relação às críticas a Engels feitas no interior do marxismo, e que talvez seja a de maior projeção, está a de Lukács em *História e consciência de classe*. Para ele, a concepção dialética apresentada por Engels afasta o materialismo histórico de suas características político-revolucionárias, na medida em que "o aspecto mais essencial dessa ação recíproca, *a relação dialética do sujeito e do objeto no processo da história*, não chega a ser mencionado, e muito menos colocado no centro (como deveria sê-lo) das considerações metodológicas" (Lukács, 2003, p. 67, grifo original).

Entretanto, no importante prefácio de 1967, o próprio Lukács revisa sua posição, reconhecendo os equívocos de sua crítica à dialética da natureza. Ele passa a valorizar a formulação marxista do "trabalho como mediador do metabolismo da sociedade com a natureza" (Lukács, 2003, p. 15), admitindo que a "objetividade ontológica da natureza" constitui a base desse metabolismo. Contudo, alerta que essa perspectiva não pode obscurecer a "relação recíproca existente entre o trabalho considerado de maneira autêntica materialista e o desenvolvimento dos homens que trabalham" (Lukács, 2003, p. 16).

Na contramão do pensamento dicotômico, a dialética da natureza nos textos de Engels e, de maneira menos explícita, nos textos de Marx surge como uma explicação das relações indissociáveis entre natureza e sociedade pronunciada pelo trabalho, ou melhor, é precisamente pela exploração da força de trabalho que, sob o capitalismo, a sociedade e a natureza caminham juntas enquanto unidade que se revela tanto do ponto de vista prático quanto conceitual. Conforme Marx e Engels consideram:

> Toda concepção histórica existente até então ou tem deixado completamente desconsiderada essa base real da história [as relações materiais entre sociedade e natureza], ou a têm considerado apenas como algo acessório, fora de toda e qualquer conexão com o fluxo histórico. A história deve, por isso, ser sempre escrita segundo um padrão situado fora

> dela; a produção real da vida aparece como algo pré-histórico, enquanto o elemento histórico aparece como algo separado da vida comum, como algo extra e supraterreno. Com isso, a relação dos homens com a natureza é excluída da história, o que engendra a oposição entre natureza e história. (Marx; Engels, 2007, p. 43-44)

No limite, o tratamento da natureza como algo externo à história revela-se em seu contrassenso, uma vez que a própria postulação de uma natureza exógena envolve a própria consciência das relações que a definem. O contrário, ou o que se expressa no entendimento corrente, é o que precisamente se pretende. Isto é, um conhecimento da natureza destituída de história, alheia às relações sociais, que assume a natureza como uma coisa-em-si, passível de ser compreendida de maneira fragmentada e controlada mediante seu "desvendamento" em nexos sistemáticos e livre de objeções.

Com o desenvolvimento progressivo das ciências naturais, Engels (2004), no incompleto texto *Sobre o papel do trabalho na transformação do macaco em homem*,[57] vai afirmar que é cada vez maior a compreensão das leis e efeitos imediatos e remotos das intervenções humanas sobre a natureza.

---

[57] Como Engels entende no referido texto, a diferença entre a mão e o pé, (resultado de milênios de esforços), serviu de premissa para a evolução do macaco para o homem, tema central para as suas discussões sobre a história da produção: "Mas já havia sido dado o passo decisivo: a mão era livre e podia agora adquirir cada vez mais destreza e habilidade; e essa maior flexibilidade adquirida transmitia-se por herança e aumentava de geração em geração. Vemos, pois, que a mão não é apenas o órgão do trabalho; é também produto dele. Unicamente pelo trabalho, pela adaptação a novas e novas funções [...] a mão humana atingiu esse grau de perfeição que pôde dar vida, como por artes de magia, aos quadros de Rafael, às estátuas de Thorwaldsen e à música de Paganini. Mas a mão não era algo com existência própria e independente. Era unicamente um membro de um organismo íntegro e sumamente complexo. E o que beneficiava a mão beneficiava também todo o corpo servido por ela; e o beneficiava em dois aspectos" (Engels, 2004, p. 13-14).

Antes que se avance para uma leitura que possa interpretá-lo como um pensamento dualista, ou uma leitura que entende a natureza como algo exógeno à sociedade, Engels considera que, ao mesmo tempo, são estas mesmas leis e procedimentos da ciência que externalizam a natureza e relegam-na a um mundo alheio à história:

> E quanto mais isso seja uma realidade, mais os homens sentirão e compreenderão sua unidade com a natureza, e mais inconcebível será essa ideia absurda e antinatural da antítese entre o espírito e a matéria, o homem e a natureza, a alma e o corpo, ideia que começa a se difundir pela Europa sobre a base da decadência da Antiguidade clássica e que adquire seu máximo desenvolvimento no cristianismo. (Engels, 2004, p. 24-25)

Como discutido anteriormente, é comum observar certas perspectivas que assumem uma concepção sobre a natureza em que a equiparam estritamente ao valor de uso, ao passo que o valor de troca se associa à parte social da mercadoria. Embora os primeiros capítulos d'O *capital* possam levar a essa interpretação, no decorrer do texto, sobretudo quando se clarifica a centralidade do trabalho na valorização do capital, a natureza passa a ganhar outra conotação (histórica) quando posta em relação indissociável com o trabalho. Assim, a concepção da natureza externa ao homem, ao contrário de uma definição simplista enquanto "utilidade" no processo produtivo, ou um universal encerrado em si, é passível de ser concebida apenas como produto de uma relação mediada pelo trabalho. Antes de tudo, como explica Marx,

> O trabalho é um processo entre homem e Natureza, um processo em que o homem, por sua própria ação media, regula e controla seu metabolismo com a Natureza. Ele mesmo se defronta com a matéria natural como uma força natural. Ele põe em movimento as forças naturais pertencentes à sua corporalidade, braços e pernas, cabeça e mão, a fim de apropriar-se da matéria natural numa forma útil para a sua própria vida. Ao atuar, por meio desse movimento, sobre a Natureza externa a ele e ao modificá-la, ele modifica, ao mesmo tempo, sua própria natureza. (Marx, 1983, p. 149)

Como Marx apresenta, a ideia de metabolismo para definir os movimentos inerentes à relação homem-natureza demonstra como esta relação se constitui em uma unidade geral. A totalidade, neste sentido, revela-se em um encadeamento das atividades concretas dos seres naturais que, na prática, é reproduzido pelo trabalho.

Em suas reflexões acerca da "ordem da reprodução sociometabólica do capital", Mészáros vai enfatizar a necessidade de compreensão desta ordem como condição para o entendimento da "natureza e a força das restrições prevalecentes". Como segue explicando, "o modo de operação do sistema do capital é a *exceção,* não a *regra*, no que diz respeito ao intercâmbio produtivo dos seres humanos com a natureza e entre si" (2009, p. 97). Isto significa dizer que a maneira pela qual o trabalho, sob o capitalismo, exerce essa interação metabólica entre sociedade e natureza é distinta daquela que ocorria em sociedades pré-capitalistas (Marx, 1977; Fraser, 2015; Saito, 2019).

Seguindo de perto o pensamento marxiano sobre a ruptura metabólica entre sociedade e natureza, diversos autores defendem que o surgimento da sociedade burguesa moderna e a decorrente reificação do trabalho promovem uma ruptura da conexão do ser humano com a natureza, uma "ruptura metabólica" (Foster, 2023) em que a sua transformação (ou rompimento) está intrinsecamente ligada à valorização do capital, expondo "os limites da apropriação da natureza pela subsunção do capital" (Saito, 2021, p. 91). Sobre este aspecto histórico central, Nancy Fraser (2015) chama a atenção para o fato de que:

> Diferentemente dos cercamentos de terra sobre os quais Marx e Polanyi escreveram, que 'apenas' mercantilizavam fenômenos naturais existentes, os novos cercamentos penetram fundo 'dentro' da natureza, alterando sua gramática interna. Finalmente, o neoliberalismo mercantilizou o ambientalismo, como atesta a ativa troca de licenças e compensações das emissões de carbono e de 'derivativos ambientais', que distanciam o capitalismo do investimento de longo prazo e em larga escala, necessário para transformar

> modos de vida insustentáveis dependentes de combustíveis fósseis. (Fraser, 2015, p. 716)

Estas abordagens, que defendem uma perspectiva ecológica no pensamento de Marx, argumentam que a crise moderna ambiental é uma manifestação da contradição intrínseca do capitalismo ao organizar os metabolismos social e natural, ou seja, de uma forma específica de organizar um modo de produção que é insustentável. Para esta perspectiva, a ruptura metabólica é a base do curso destrutivo da produção capitalista, no qual figuram o aquecimento global, o desequilíbrio do ciclo de nitrogênio e a extinção de espécies (Saito, 2019).

Embora esta interpretação possa incorrer em uma leitura dicotômica em que a interação metabólica entre sociedade e natureza seja interrompida por completo, não se trata de um bloqueio do acesso da sociedade às condições materiais ou da ausência de interação metabólica com a natureza. Como Foster enfatiza, "longe de representar uma abordagem dualista ou não reflexiva do mundo, a análise de Marx sobre o 'metabolismo da natureza e da sociedade' era eminentemente dialética, visando compreender a totalidade concreta maior" (2013, p. 9, tradução nossa).

Trata-se, como discute Saito (2021, p. 91), de um vínculo entre humanos e a natureza "que é, por um lado, transitório como uma 'necessidade eterna', mas é, por outro, totalmente mediado socialmente, visto que a função econômica do trabalho difere consideravelmente em cada modo de produção".

Quando se fala em trabalho, portanto, pressupõe-se que a ideia de natureza esteja incluída nos processos pelos quais este se realiza enquanto "condição universal do metabolismo entre o homem e a Natureza" (Marx, 1983, p. 153). Entretanto, esta universalidade contida no trabalho – "sendo este igualmente comum a todas as suas formas sociais" –, sob o capitalismo, ganha características especiais, sobretudo em seu processo metabólico. Ou seja, na medida em que o capitalismo se expande progressivamente, tornando-se um imperativo na escala mundial, desponta um conjunto de novas determinantes que revoluciona as interações com a natureza, produzindo-a enquanto mais uma mercadoria mobilizada pela lógica da acumulação capitalista.

A produção da natureza como estratégia de acumulação

Aparentemente, a ideia de "produção de natureza" pode ser confundida com o que se entende por "segunda natureza"; no entanto, dentro do modo de produção capitalista, não é apenas a "segunda natureza" que é resultado do trabalho social, mas a "primeira natureza" também se torna produzida. Com o alargamento das relações capitalistas, a "segunda natureza" não é mais produzida fora da "primeira", mas, em vez disso, esta passa a ser produzida nos limites da "segunda". Assim, pode-se dizer que a noção de "produção da natureza" vai além da distinção entre primeira e segunda natureza, no sentido em que as transformações (seja extraindo, cultivando, represando, estocando ou mesmo preservando a "natureza") convertem-se, cada vez mais, em novas estratégias de acumulação de capital.

A concepção de uma produção histórica da natureza (ou do clima, como se propõe aqui) implica uma compreensão sobre as práticas e as forças que a produzem. As especificidades da produção da natureza sob o modo de produção capitalista passam, notadamente, pelas determinações da lógica do valor de troca sobre as relações com a natureza.

Dentro desse movimento, a "segunda natureza" – como visto em Marx e Engels, ou mesmo aquela da concepção pioneira de Cícero – é cada vez menos produzida a partir da "primeira natureza" e, sobretudo, em oposição a esta. Dito de outra maneira, a primeira natureza, torna-se parte da produção da segunda natureza, dificultando (ou abolindo) a distinção entre elas enquanto opostos.

Na medida em que se monetiza e "coloca-se uma etiqueta de preço em qualquer coisa que se vê", a natureza passa a ter seu destino determinado; como mencionado, a primeira natureza, concreta e material, a do valor de uso geral, passa a ser determinada (ou produzida) pela lógica do valor de troca (Smith, 1991).

Paradoxalmente, as "*idio*grafias"[58] da segunda natureza, no contexto do capitalismo avançado, passam a produzir a natureza material como uma unidade no processo de trabalho que tende à universalização: "nenhuma parte da superfície terrestre, da atmosfera, dos oceanos, dos substratos geológicos ou dos superstratos biológicos estão imunes à transformação pelo capital" (Smith, 1991, p. 56, tradução nossa); embora a capacidade de produção da natureza não seja algo exclusivo do capitalismo,[59] há particularidades em seu modo de produzi-la.

Evidentemente que fenômenos "naturais" – gravidade, ciclo hidrológico, os intemperismos químicos e mecânicos, os movimentos de grandes proporções que ocorrem na litosfera terrestre, entre outros que seriam difíceis de imaginar como "produzidos socialmente" –, mesmo absorvidos dentro da "natureza social" (Braun; Castree, 2001; Blaikie, 2001), não podem ser evadidos sumariamente, tampouco suas causas ou manifestações na superfície terrestre podem ser produzidas em sentido primário pela ação humana. Como indicado, tais "forças da natureza" não são apenas "dominadas", "alteradas", ou "modeladas" pela ação humana, mas passam a ser dotadas de sentido particular dentro das dinâmicas da reprodução do capital.

Contudo, a unidade da natureza dirigida pela lógica capitalista não é apenas uma unidade material física ou biológica (sistêmica), como a entendida pelos cientistas naturais, tampouco um conjunto

---

58 Claramente, a referência é a do método que trata de fatos considerados individualmente a partir das particularidades dos fenômenos. Entretanto, o sentido que se pretende não é propriamente o do conhecimento científico, mas o das particularidades ou das idiossincrasias da "segunda natureza" postas na realidade.

59 Como Marx escreve a esse respeito: "Animais e plantas, que costumam ser considerados produtos da Natureza, não são apenas produtos talvez do trabalho do ano passado, mas, em suas formas atuais, produtos de uma transformação continuada por muitas gerações, sob o controle humano e mediada por trabalho humano. Quanto aos meios de trabalho, particularmente, a grande maioria deles mostra até ao olhar mais superficial os vestígios de trabalho anterior" (Marx, 1983, p. 152).

de "externalidades", como os economistas gostam de denominá-la, mas uma unidade social centrada no processo produtivo capitalista. Sobre este aspecto, Smith (1991; 1998a) afirma que essa unidade não deve ser significada como uma indiferenciada natureza. Há, expressamente, diferenças entre primeira e segunda naturezas. No entanto, do ponto de vista da produção da natureza pelo capitalismo, com a progressiva subsunção do trabalho pelo capital, até que ponto essa distinção teria relevância, em contraste com a visão histórica de uma natureza indivisível?

Como Smith (2015) argumenta sobre este questionamento, "a externalidade e a universalidade da natureza são suficientemente reais, mas não se devem tomar como pressupostos ontológicos", sobretudo porque, como discute o autor, esta universalidade vem servindo ideologicamente para justificar e, muitas vezes, legitimar certas intolerâncias – seja de classe, de gênero, sexual, regionais, entre tantas outras formas de desigualdades –, tratadas como algo "natural" em detrimento de suas motivações sociais.

Esta ideologia combinada da natureza externa-universal, que conduz a um entendimento de um mundo "pré ou supra-humano", subtrai os movimentos históricos que externalizam a natureza, especialmente o processo do trabalho capitalista, por meio do qual a convertem (ao mesmo tempo) em uma mercadoria e em algo externo à sociedade.

Considerar a relação entre sociedade e natureza a partir de um ponto de vista histórico, tal como Marx e Engels fizeram, implica uma compreensão de que os fenômenos históricos e naturais estão indissociavelmente conectados por meio do trabalho, não apenas da ação humana sobre a natureza, mas também da decorrente reação "natural" a esta ação. Engels, em A *dialética da natureza*, apesar do tom "vingativo", discute, e dá exemplos[60] destas interco-

---

60 Engels, ao discutir o papel do trabalho como determinante na diferença entre o homem e o animal em suas relações com a Natureza, alerta: "não nos regozijemos demasiadamente em face dessas vitórias humanas sobre a Natureza. A cada uma dessas vitórias, ela exerce a sua vingança. Cada uma delas, na verdade, produz, em primeiro lugar, certas consequências com

nexões entre os grupos humanos e a natureza, em uma unidade reativa que, em seu resultado, pode-se inteirar em um processo histórico de produção da natureza.

Nesse sentido, na medida em que a aparência imediata da natureza externa é inserida no contexto histórico, como argumenta Smith (1991), o desenvolvimento da paisagem material apresenta-se como um processo de produção da natureza. Entretanto, no contexto do capitalismo contemporâneo, para além de sua manifestação objetivada na paisagem, a produção da natureza manifesta-se em outras temporalidades, como as criadas nos ambientes digitais, por meio das modelagens climáticas ou da cobertura vegetal ulterior, além da maneira como se financeiriza a natureza por meio dos distintos mercados de ações compensatórias.

Não obstante, ao mesmo tempo em que se "concretizam" em projeções futuras (tanto nas modelagens quanto nas práticas rentistas), essas atividades não deixam de ter suas materialidades presentes, como nos diversos desdobramentos territoriais. Vale mencionar que estas materialidades surgem não apenas dos decor-

---

que podemos contar; mas, em segundo e terceiro lugares, produz outras muito diferentes, não previstas, que quase sempre anulam essas primeiras consequências. Os homens que na Mesopotâmia, na Grécia, na Ásia Menor e noutras partes destruíram os bosques para obter terra arável, não podiam imaginar que, dessa forma, estavam dando origem à atual desolação dessas terras ao despojá-las de seus bosques, isto é, dos centros de captação e acumulação de umidade. Os italianos dos Alpes, quando devastaram, na sua vertente Sul, os bosques de pinheiros, tão cuidadosamente conservados na vertente Norte, nem sequer suspeitavam que, dessa maneira, estavam arrancando, em seu território, as raízes da economia das granjas leiteiras; e menos ainda suspeitavam que assim estavam eliminando a água das vertentes da montanha, durante a maior parte do ano e que, na época das chuvas, seriam derramadas furiosas torrentes sobre as planícies [...]. E assim, somos a cada passo advertidos de que não podemos dominar a Natureza como um conquistador domina um povo estrangeiro, como alguém situado fora da Natureza; mas sim que lhe pertencemos, com a nossa carne, nosso sangue, nosso cérebro; que estamos no meio dela; e que todo o nosso domínio sobre ela consiste na vantagem que levamos sobre os demais animais de poder chegar a conhecer suas leis e aplicá-las corretamente" (Engels, 1979, p. 223-224).

rentes efeitos sobre a superfície terrestre, mas da maneira como se produz o clima historicamente dentro de um complexo de ações político-econômicas, pautadas por uma compreensão específica (e hegemônica) do clima e suas transformações. Como contesta Fraser, "sobre o pano de fundo do aquecimento global, este assalto ao que resta dos bens comuns ecológicos está transformando a condição natural da acumulação de capital em outro nó central da crise capitalista" (Fraser, 2015, p. 717).

Como parte importante desse movimento, o que se entende por "financeirização da natureza", que surge (ou que pelo menos ganha força) no contexto do "capitalismo verde", sobretudo pelos impulsos da chamada "economia de baixo carbono", vêm proporcionando outro nível de apropriação da natureza pelo capital. Na leitura de Smith,

> O capitalismo verde pode ser tomado como um modo de suavizar os impactos ambientais da exploração capitalista sobre a natureza, ou criticado como um simples remendo para uma exploração sustentável, mas, mais do que o acerto destas afirmações, o significado do 'capitalismo verde' é muito mais profundo. Se converteu, nada mais nada menos, que na maior estratégia para a mercantilização, comercialização e financerização ecológica, o que intensifica e aprofunda radicalmente a penetração do capital na natureza. (Smith, 2015, p. 231, tradução nossa)

Como discutido anteriormente, a progressiva subsunção do trabalho pelo capital – tanto em termos históricos quanto analíticos, como Marx a entende[61] – torna-se um marco teórico essencial

61 Sinteticamente, Marx mostra em *O capital* que a relação entre a concorrência do mercado capitalista, as reorganizações dos processos produtivos, sobretudo por meio das inovações tecnológicas e da racionalização da produção, criam as condições necessárias para a redução do valor da força de trabalho e, assim, abrem caminho para a apropriação da mais-valia relativa. Nesse sentido, se a mais-valia absoluta demanda apenas uma subsunção formal do trabalho, afinal se trata apenas do aumento quantitativo da jornada de trabalho, a mais-valia relativa exige uma subsunção real do trabalho ao capital, na medida em que as condições essenciais para a reprodução do

para a compreensão do atual processo de produção da natureza, considerando não apenas o aumento da conversão de matérias extraídas em objetos de produção, mas pelas novas formas de circulação do capital na natureza.

Subsunção real da natureza e o capitalismo verde

Para além dos processos historicamente conhecidos da circulação do capital na natureza – seja na extração mineral, seja na agricultura, seja nos "melhoramentos" genéticos –, é possível falar em termos de uma subsunção da natureza no contexto atual do capitalismo, em que não apenas se intensifica essa circulação, como também se converte em uma nova estratégia de acumulação de capital. Assim, a produção da natureza, além de suas feições materializadas na paisagem, surge em temporalidades em que sua comercialização se projeta no futuro, especialmente nos mercados de derivados ambientais, como aqueles que negociam cotas compensatórias, ou mitigatórias, do que se entende por "externalidades ambientais".

É importante mencionar que, por mais abstratos que possam ser estas mercadorias que compensam emissões de GEE, ou que incentivam a preservação de determinado bem ecológico, estas não existiriam (ou ao menos suas particularidades enquanto valor de uso) sem o valor de troca adicionado anteriormente a algum aspecto da natureza produzida.

No caso dos créditos de carbono, assim como de outras mercadorias financeirizadas que compensam degradações ambientais (independentemente da temporalidade ou da espacialidade envolvida), não se trata de uma atividade que agregará novos elementos a uma determinada mercadoria, com exceção de seu aspecto simbólico.[62] Trata-se de produtos que têm seu valor de uso

---

capital repousam na constante alteração das forças produtivas no conjunto de uma dada sociedade e o controle real do processo de trabalho pelo capital (ver Marx, 1984a, p. 106).

62 Evidentemente, seria possível partir por diversos caminhos analíticos interessantes para um entendimento acerca das representações simbólicas em

em um serviço futuro, ou ao menos sua expectativa de realização futura, cuja utilidade expressa-se em uma vantagem individual no "direito de poluir" ou "desmatar", embora isso seja apresentado como algo de interesse geral para a sociedade.

Estes mecanismos político-econômicos, que envolvem distintas maneiras de compensar degradações ambientais, têm sua origem nos Estados Unidos, com os bancos de mitigação de zonas úmidas, criados no início da década de 1970, a partir das regulamentações do Clean Water Act,[63] mais especificamente pela emblemática "Seção 404",[64] que prevê os regulamentos sobre as zonas úmidas daquele país. Após sua regulamentação, no início dos anos 1990, as ações de recuperação de áreas úmidas nos EUA desencadearam um processo de "*bancarização*[65] da mitigação de áreas úmidas, como meio de viabilizar a transação de cotas compensatórias de áreas degradadas deste tipo de ambiente. Como bem define Robertson (2004), a chamada "wetland mitigation banking" revela-se uma política ambiental de caráter neoliberal, que criou um mercado de

---

relação ao chamado "capitalismo verde". A concepção de capital simbólico está ligada ao aspecto imaterial que pode ser atribuído a uma dada mercadoria e, por consequência, a quem a produz e a consome, um símbolo de distinção como forma de assegurar uma posição de destaque no mercado (ver Bourdieu, 1989). Assim, a análise das manifestações simbólicas presentes em mercadorias seladas como "verdes" ou "livre de emissões" seria extremamente interessante. Seria possível, ainda, considerar uma "estética da mercadoria" quando se observa o crescente número de selos e certificados que atestam uma suposta "responsabilidade" e que, notadamente, atribuem funções específicas no processo acumulativo do capital (ver Haug, 1996).

63 Para uma leitura completa sobre o histórico do Clean Water Act e suas atuações e regulamentações, ver Laws & Regulations: Summary of the Clean Water Act. Disponível em: www.epa.gov/laws-regulations/summary-clean-water-act. Acesso em: 27 abr. 2025.

64 Para mais detalhes sobre o funcionamento dos chamados "bank mitigation", ver "Mitigation Banking Factsheet". Disponível em: www.epa.gov/cwa-404/mitigation-banking-factsheet. Acesso em: 27 abr. 2025.

65 O termo aqui pode assumir tanto um sentido geográfico – enquanto estoque de terra, ou floresta conservada com a finalidade de compensar outras áreas degradadas – como econômico, de um estabelecimento ou sociedade mercantil de crédito e transações financeiras.

serviços ecossistêmicos, valendo-se dos argumentos "holísticos" das ciências ecológicas.

De maneira semelhante, os argumentos levantados pela tese do "aquecimento global antropogênico" vêm servindo de base para a estruturação dos mercados de compensação de gases de efeito estufa que, atualmente, extrapolam as regulamentações instituídas no âmbito das Nações Unidas. De maneira geral, os argumentos trazidos pelas ciências naturais, assim como por parte do movimento ambientalista,[66] têm justificado a criação dos inúmeros mercados de cotas ambientais,[67] que não se restringem aos créditos de carbono.[68]

No Brasil, as cotas compensatórias, a exemplo do que ocorre com as áreas de Reserva Legal,[69] há algum tempo têm inspirado

---

66 Da condenação que havia ao pensamento ambientalista do fim dos anos 1960 e princípios dos 1970 – pensamento esse eclodido no movimento da contracultura –, passa-se para uma argumentação cada vez mais ecológico-econômica, conforme Moraes entende (2000), e voltada para as resoluções de mercado e para a salvaguarda tecnológica, como Leff (2006) e Porto-Gonçalves (2006) apontam.

67 De acordo com o estudo "2011 Update: State of Biodiversity Markets", desenvolvido pelo Ecosystem Marketplace, o "mercado da biodiversidade atingiu um volume recorde em 2010, alcançando um valor entre US$ 2,4 bilhões a US$ 4 bilhões". Este relatório avaliou dados de 45 iniciativas no mundo, abrangendo desde esquemas de 'reservas de habitat' (*habitats banking*) até a compensação monetária para comunidades rurais que preservam a floresta. Para a leitura completa deste relatório, acessar: www.forest-trends.org/documents/files/doc_2848.pdf. Acesso em: 20 jul. 2024.

68 Este aspecto fica evidente na coletânea "Além do Carbono: Mercados de Água e Biodiversidade", organizada pelo Katoomba Group e pelo Ecosystem Marketplace. A publicação está disponível em: www.katoombagroup.org/documents/events/event33/Alem_do_Carbono.pdf. Acesso em: 20 jul. 2024.

69 Com a instituição do Novo Código Florestal, em maio de 2012, criou-se uma legislação que possibilita que a obrigação de Reserva Legal seja cumprida por meio das chamadas "Cotas de Reserva Ambiental" (CRA). A legislação florestal brasileira, em suas diferentes versões, exige que todas as propriedades rurais mantenham uma porcentagem da área com cobertura de vegetação nativa. Esta Reserva Legal pode variar entre 20% a 80% da propriedade, conforme o bioma e a Unidade Federativa em que esteja localizado o imóvel. Antes mesmo das devidas regulamentações sobre o

a criação de inúmeros mercados de derivados ambientais, com intuito de "equilibrar" o desenvolvimento econômico com a preservação ambiental.

Outro mecanismo que vem estabelecendo associações entre terras e mercados de compensação ambiental é o sistema de concessão de florestas públicas, criado por meio de uma parceria entre o Serviço Florestal Brasileiro (SFB) e o BNDES.[70] Essa cooperação técnica conta com um aporte de US$ 800 mil em recursos do Banco Interamericano de Desenvolvimento (BID), provenientes do Green Climate Fund, destinados especificamente a iniciativas de enfrentamento às mudanças climáticas. A alteração na Lei de Gestão de Florestas Públicas, realizada em 2023, permite que florestas públicas sejam destinadas à concessão privada para fins de restauração de áreas degradadas e comercialização de créditos de carbono.[71]

Além das unidades federais, os projetos de concessão também serão estendidos aos governos estaduais, a exemplo da iniciativa realizada no Pará. Em março de 2025, em parceria com o governo estadual, a União realizou um leilão pioneiro na B3 (Bolsa de Valores de São Paulo) para concessão de 11 mil hectares de áreas degradadas na Área de Proteção Ambiental (APA) Triunfo do Xingu, localizada no município de Altamira, sudeste paraense. O contrato, com prazo de 40 anos, tem como finalidade a recuperação ambiental da área e a comercialização de créditos de carbono.

A empresa Systemica,[72] ligada ao banco BTG Pactual, venceu a licitação, comprometendo-se a reflorestar a área e gerar créditos de carbono, que seriam posteriormente comercializados. A expectativa é que o investimento de cerca de R$258 milhões

---

tema, a Bolsa Verde do Rio de Janeiro (BVRio) criou uma plataforma de Cotas de Reserva Ambiental para viabilizar a comercialização de cotas compensatórias de Reserva Legal.

70 Ver Sinimbú (2024).

71 Para a leitura completa da Lei n. 14.590, de 24 de maio de 2023, ver: www.planalto.gov.br/ccivil_03/_ato2023-2026/2023/lei/l14590.htm. Acesso em: 31 mar. 2025.

72 Para mais detalhes, acessar: https://systemica.digital/. Acesso em: 29 mar. 2025.

pode gerar uma receita de R$ 869 milhões com exploração econômica da área.[73]

Ressalta-se que, nesta dinâmica, a mercadoria produzida é, num sentido mais direto, a restauração de determinada área degradada, ou a compensação de certas "externalidades", como emissões de GEE, por meio da contabilidade de estoques de carbono em florestas. Peculiarmente, o valor dessas mercadorias reside no fato de que estas não podem ser consumidas de modo produtivo.

Além deste aspecto central, todas estas novas mercadorias que surgem no contexto do "capitalismo verde" (os créditos de carbono, as cotas ecológicas ou de estoques florestais, os créditos de biodiversidade,[74] ou mesmo das zonas saturadas,[75] assim como o capital simbólico envolvido neste contexto) revelam-se como aquilo que Marx chamou de "capital fictício". Sobre este aspecto, Smith compara:

> Do mesmo modo que as hipotecas e as pensões se converteram em parte da vida cotidiana de muitos trabalhadores durante o século XX, desempenhando um papel fundamental na socialização da subsunção real do trabalho, para além do local de trabalho (estritamente definido), o capital fictício das cotas ecológicas e os mercados de derivados ambientais é essencial para socializar a subsunção real da natureza. (Smith, 2015, p. 255, tradução nossa)

---

73 Ver Carneiro, 2025.

74 A comercialização de créditos ou cotas de biodiversidade, que no inglês recebem várias denominações (*biodiversity banking, biodiversity trading, biodiversity offsets, conservation banking, biodiversity mitigation banks, compensatory habitat*), são, em linhas gerais, ações de conservação que, mediante a uma mensuração do estoque perdido e o que será compensado em outra área "preservada", convertem-se em ativos financeiros em mercados *ad hoc* que, supostamente, comprovariam a compensação da escassez gerada.

75 A concepção de "zonas saturadas" tem por base o "conceito bolha", utilizado desde os anos 1970, no gerenciamento da qualidade do ar em estados dos EUA – Regional Clean Air Incentives Market (Reclaim). Trata-se de uma regionalização de "bacias aéreas" que delimita uma quantidade específica de emissões de acordo com o grau de saturação de uma dada zona; uma espécie de bolha sobre fontes de poluição, de acordo com o conceito original aplicado nos Estados Unidos – *bubble concept* (Cornetta, 2012).

Surgem, assim, inúmeras questões para se compreender os processos pelos quais se produz a natureza, para além de seus aspectos materiais na paisagem, em um contexto em que a subsunção formal da natureza, conforme a leitura de Boyd *et al.* (2001) a respeito das atuais dinâmicas industriais, converte-se em uma subsunção real da natureza. No primeiro caso, as "firmas confrontam a natureza como um conjunto exógeno de propriedades materiais e processos biofísicos", ao passo que na subsunção real da natureza, os capitalistas são capazes de "dominar e transformar a produção natural, e usar isto como uma fonte de aumento de produtividade" (Boyd *et al.*, 2001, p. 557, tradução nossa), mesmo que isso, paradoxalmente, implique sua "preservação".

A racionalidade econômica que conduz há mais de dois séculos um sistema produtivo marcado por excessos e desperdícios converte-se, hoje, em um modelo que passa a incorporar (lucrativamente) em seu desenvolvimento parte de suas degradações, consideradas – dentro da expressão teórica do ambientalismo burguês – como "externalidades ambientais".

O que à primeira vista pode chamar atenção, sobretudo pela peculiaridade em converter o que normalmente é dividido com a sociedade em geral – isto é, as sobras indesejáveis e suas degradações – em algo potencialmente lucrativo, revela-se, com um pouco mais de acuidade, como algo recorrente às dinâmicas pelas quais o capital se reproduz. Afinal, é por meio da destruição (sobretudo "criativa") que o capital ganha fôlego diante da escassez criada em sua própria dinâmica reprodutiva.

As inúmeras degradações que surgem intrinsecamente à maneira como o capitalismo se desenvolve têm crescentemente exercido pressões – por meio das regulações políticas – sobre modelos produtivos "defasados". Dessa forma, vão sendo criadas novas maneiras de se organizar produtivamente, ressignificando usos e apropriações da terra e da floresta que estimulam, por sua vez, novas formas de circulação do capital na natureza e o seu decorrente emprego lucrativo.

Essa característica do capitalismo atual, como discute Katz (1998), vem convertendo a noção de natureza em uma estratégia de acumulação que introduz uma competência alterada e mais ampla em relação aos interesses do capital na natureza. Como discute a autora:

> Em primeiro lugar, a natureza *qua* natureza tornou-se um 'investimento' no futuro. Em segundo, para garantir os investimentos, a natureza foi mercantilizada e privatizada em todas as escalas. Por fim, com os tradicionais meios de acesso à natureza do capital metropolitano não mais assegurados pelo colonialismo, pelas relações de Estado patrão-cliente, ou a aquiescência de públicos confiantes ou ambientalmente inconscientes, a necessidade do capital de canais claros de acesso para controlar a natureza e os recursos ambientais tem sido remodelada e reafirmada fortemente nos últimos anos. (Katz, 1998, p. 47, tradução nossa)

Estas práticas vêm se associando a distintas formas de reprodução da natureza como estratégias de acumulação de capital, particularmente por facultar processos que, ao mesmo tempo, geram degradações e externalidades (como os "não valores" das sobras indesejáveis), e maneiras de retroalimentá-las dentro das dinâmicas produtivas do capital.

Em contrapartida, movimentos que ressignificam economicamente as florestas, os rios, a terra, a biodiversidade em si como "prestadores de um serviço", adicionam um aspecto distinto à reprodução ampliada do capital. Sobre este aspecto, Smith (2015) observa que, enquanto a produção convencional da natureza geralmente envolve a extração de valores de uso, como matéria-prima e recursos para a produção capitalista, essa nova maneira de "explorar" a natureza – como os serviços ecológicos – é diferente:

> Se se convertem ou não em matéria-prima para uma posterior manufaturação, é apenas um acessório para sua produção. Em lugar disso, estas mercadorias são simultaneamente extraídas (em termos de valor de troca) de relações socionaturais preexistentes e, como parte de sua produção, se reinserem ou permanecem incrustadas na natureza socializada: quanto mais 'natural', melhor. (Smith, 2015, p. 231)

Trata-se, pois, de novas formas de produção da natureza, em que a via da compensação das externalidades ambientais, somada à lógica financeira, permite ao capital uma manipulação intensa e profunda na natureza, reproduzindo-a de maneira inaudita. O exemplo das atividades de REDD+ demonstra essa característica do capitalismo contemporâneo, em que há um maior envolvimento do capital com a natureza, atingindo a escala do invisível – como na fotossíntese –, implicando um movimento em que porções florestais passam a ser influenciadas por políticas de mudanças climáticas ou de biodiversidade, combinado com os mercados especializados de compensação.

Como anunciado na introdução, a análise que segue emprega uma abordagem histórico-geográfica como uma forma possível de compreender os processos sociais de reprodução da natureza. Esse enfoque revela particularmente os mecanismos do desenvolvimento geográfico desigual e seus desdobramentos territoriais, abrindo caminho para examinar as dinâmicas da geopolítica ambiental e as disputas econômicas relacionadas às mudanças climáticas globais.

GEOPOLÍTICA AMBIENTAL, DISPUTAS ECONÔMICAS E AS MUDANÇAS CLIMÁTICAS GLOBAIS

Discutir questões geopolíticas implica necessariamente abordar as relações de poder e suas conexões intrínsecas com o espaço. A geopolítica, longe de ser uma mera combinação de Geografia com Ciência Política, deve ser compreendida como a projeção do poder de um Estado sobre o território de outros – uma ciência a serviço do poder (Becker, 1995; Costa, 1992; Martin, 2018; Mello, 1999). É importante evidenciar que as formas de projeção de poder não se limitam às forças militares, e que existem variadas formas de ocupação territorial que influenciam as relações entre as nações. Nenhum Estado está imune a essa projeção de poder em seu território, nem deixa de exercê-lo sobre outros. O que fundamentalmente varia é a intensidade com que se projeta esse poder e o grau de reação à penetração de seu espaço.

Considerando estes aspectos mais amplos da geopolítica, questiona-se neste capítulo como as relações de poder se entrelaçam com as questões ambientais em um contexto de crise do capital. De maneira mais específica, questiona-se como os diferentes interesses e disputas de poder permeiam a questão climática e seus desdobramentos em termos políticos, econômicos e territoriais?

Para isso, o presente capítulo traça um panorama histórico das negociações internacionais sobre meio ambiente, particularmente sobre mudanças climáticas, com destaque para os posicionamentos que o Brasil assume neste cenário. O objetivo é analisar como as diretrizes globais sobre clima introduzem novos aspectos às relações internacionais, sobretudo em relação às dinâmicas geoeconômicas e de disputas de poder.

Olhando tais aspectos em escalas mais detalhadas, internamente aos países e regiões, o capítulo apresenta, ao fim, uma discussão sobre as relações entre políticas metrológicas (Moreno *et al.*, 2016) e competitividade territorial (Ardinat, 2012; Santos, 2004). Observa-se que ao mesmo tempo que estas políticas viabilizam a tomada de decisões políticas e de gestão, criam novas mercadorias e, consequentemente, novos instrumentos de controle territorial.

Em suma, o capítulo apresenta uma análise sobre o peso do grande capital na implementação das políticas climáticas globais, evidenciando como a transição para uma economia de baixo carbono vem influenciando, em certa medida, as relações de poder na geopolítica internacional e com desdobramentos internos significativos aos países.

Do impasse político ao expediente econômico

A despeito das considerações que situam as origens do ambientalismo ocidental na metade do século XIX, quando movimentos de opinião pública impulsionaram a criação de leis de proteção florestal em vários países da Europa e dos Estados Unidos (McCormick, 1992), foi somente em meados do século XX que as questões ambientais ganharam relevância geopolítica, sobretudo quando são incorporadas na agenda política internacional.

Consideram-se a Conferência das Nações Unidas sobre Meio Ambiente, realizada em 1972 em Estocolmo,[76] ao lado da publicação do relatório "Os limites do crescimento", do Clube de Roma,[77]

[76] Para a leitura completa do documento desta Conferência, acessar: www.un-documents.net/aconf48-14r1.pdf. Acesso em: 10 jan. 2025.

[77] "Em finais dos anos de 1960, o Clube de Roma, criado por um grupo de empresários e executivos transnacionais (Xerox, IBM, Fiat, Remington, Rand, Olivetti, entre outras), coloca em debate, entre outras questões, o lado da demanda por recursos não renováveis [...]. Diga-se, de passagem, que a própria ideia de recursos não renováveis, só a partir dos anos de 1960 se colocara explicitamente" (Porto-Gonçalves, 2006, p. 67).

também conhecido como Relatório Meadows,[78] como divisores do debate ambiental internacional. Como o próprio título do relatório indica, o crescimento demográfico é tido como um dos principais problemas a serem enfrentados pelas políticas ambientais. O documento tornou-se um cânone para a perspectiva neomalthusiana, particularmente pela matéria do "crescimento zero" diante da proferida escassez dos recursos naturais.

Análises sobre o período em questão identificam duas posições principais: a do crescimento zero que defendia uma reestruturação do modelo industrial; e a desenvolvimentista que defendia a continuidade da industrialização (Ribeiro, 2001; Viola, 2004). Esta última, segundo estes autores, sobressai-se naquele momento, sendo a postura assumida por países como Brasil e China na Conferência de Estocolmo.

Vale mencionar que outras visões – como o "ecologismo distributivo", do biólogo Barry Commoner e do economista Nicholas Georges-Roegen, que propunha uma maior igualdade global – também estiveram presentes no debate. Esta perspectiva defendia a instauração "por um determinado período, [d]a liberdade de imigração sem restrição no mundo, o que, sem margem de dúvidas, levaria a concentrar os esforços mentais e políticos para se chegar a uma maior igualdade entre os países ricos e pobres" (Martinez-Alier, 1992, p. 10).

No entanto, as projeções alarmistas sobre o crescimento populacional foram utilizadas como ferramenta política para justificar e legitimar determinadas agendas para o recente contexto neoliberal, como bem nos mostra Porto-Gonçalves (2006). Essa construção discursiva, ao enfatizar os riscos associados ao crescimento demográfico, obscureceu questões cruciais, influenciando

---

78 Este relatório surgiu dos esforços de três cientistas da MIT (Donella Meadows, Dennis Meadows e Jorgen Randers), a partir da criação de um modelo de simulação computacional (World 3) que analisa as relações entre população, crescimento industrial, produção de alimentos e os limites dos ecossistemas da Terra. Ver Meadows *et al.*, 1972.

significativamente as políticas ambientais, assim como suas próprias representações:

> Se nos anos 1950 e 60 o argumento da explosão demográfica se fez, sobretudo em nome da questão social – o aumento da população anulava o crescimento da economia medido pela renda *per capita* –, a partir dos anos 1970 esse mesmo argumento será usado, cada vez mais, por certas correntes ambientalistas. Alega-se, agora, que é o planeta que corre perigo em função do crescimento populacional. Malthus redivivo e, agora, em nome de uma causa verde. (Porto-Gonçalves, 2006, p. 160-161)

Ao lado do marco político para a discussão sobre questões ambientais que este momento representa, é possível dizer que o Relatório Meadows e a Conferência de Estocolmo estabeleceram os princípios que mais tarde viriam a ser adotados pelos tratados e acordos internacionais sobre questões ambientais. Sobre este aspecto, Moraes (2000) destaca o dado geopolítico que a questão ambiental passa a ter com a sua incorporação na pauta das políticas de Estado:

> O preservacionismo que havia dominado a fase inicial do movimento ambientalista [...] vai sendo substituído por uma ótica geopolítica (no sentido pleno do termo). Por uma 'ótica geopolítica' entende-se um equacionamento da questão ambiental alçada à condição de problema de Estado, com toda a carga política e econômica decorrente. (Moraes, 2000, p. 91)

A institucionalização da questão ambiental na esfera geopolítica, a partir de uma "consciência ecológica ocidental" da segunda metade do século XX, representa um ponto de inflexão na relação entre o Estado e as questões ambientais. A crescente preocupação com a escassez de recursos e a degradação ambiental impulsionou a criação de mecanismos de governança ambiental em âmbito internacional.

A Conferência de Estocolmo é basilar neste sentido. Além de debater o crescimento demográfico diante da escassez dos recursos, discutiu, também, o controle sobre diversas formas de poluição (da água, do ar e do solo), em um momento em que a crise energética global entra em pauta, especialmente após o impacto do choque do petróleo de 1973. Naquele contexto, a tese defendida pelo geólogo Marion Hubbert, também conhecida como "pico do petróleo" ou "pico de Hubbert" (1956), vem ao centro do debate e consagra a ideia de escassez como um dos fundamentos do discurso do desenvolvimento sustentável.

Sobre a influência que esses marcos do "desenvolvimento sustentável" exercem hoje nas instâncias políticas, é importante considerar as diferentes colocações que surgiram naquele momento. Países como Brasil e China[79] posicionaram-se a favor da autonomia das nações em relação à adoção de restrições ambientais, especialmente diante das proposições do "crescimento zero". Embora este momento histórico tenha estabelecido bases importantes para as discussões sobre sustentabilidade, também revelaram as divergências primordiais para a geopolítica ambiental.

Evidentemente que o contexto histórico e político da ditadura militar moldou significativamente o posicionamento brasileiro na Conferência de Estocolmo. A defesa de um suposto desenvolvimento econômico a qualquer custo era alicerçada na premissa de que "a pior forma de poluição é a pobreza", e de que a preservação ambiental (em grande medida a preservação das florestas) deveria vir somente após o aumento da renda *per capita* do brasileiro.

Em suma, o posicionamento do Brasil, alinhado ao da China, defendia a soberania nacional sobre os recursos e atribuía aos países desenvolvidos a maior responsabilidade pela crise ambiental. Essa última diretriz, como é possível de observar nos fóruns de discussão internacional sobre mudanças do clima, tem sido um dos principais pontos de impasse, sobretudo nos momentos de decisão

79 A partir destes posicionamentos, Brasil e China lideraram, durante as negociações da Conferência do Meio Ambiente Humano em Estocolmo, a formação de uma coalizão de países periféricos contrários ao reconhecimento da importância dos problemas ambientais como prioritários à questão do desenvolvimento (Viola, 2004).

com relação aos custos e benefícios das resoluções tomadas, e sobre quem vai recair a responsabilidade de arcar com as perdas.

Nota-se que as divergências entre os países do Norte e do Sul, evidenciadas desde a Conferência de Estocolmo, revelaram um impasse entre interesses divergentes e que desde então vem se mostrando crucial nos debates em torno da geopolítica ambiental.

Pode-se dizer que é esse o impasse que fornece os elementos para a formulação das "responsabilidades comuns, porém diferenciadas", princípio norteador da maneira como se organizam as relações entre as partes envolvidas nos tratados sobre clima. Isto é, ao mesmo tempo que é estabelecido por critérios históricos – os países ricos e industrializados há mais tempo teriam responsabilidades maiores quanto à degradação ambiental –, surgem funções geográficas específicas.

Apesar de presente desde os primeiros debates sobre meio ambiente nas Nações Unidas, o referido princípio é incorporado de maneira efetiva somente na Declaração do Rio, em 1992,[80] que destacou a solução do impasse por meio do dever e da cooperação entre os Estados – aquilo que Martinez Alier (1992) já anunciava como um "*ecomanagement* tecnocrático internacional". A trajetória do pensamento ambientalista, desde a contestação da contracultura dos anos 1960 e 1970, passando pelos impasses geopolíticos, se apresenta, cada vez mais, como uma pauta econômica. A desconfiança inicial cedeu lugar aos argumentos ecológico-econômicos que se apoiam em uma suposta conciliação entre proteção ambiental e desenvolvimento econômico (Moraes, 2000), oportunizados por meio de mecanismos de mercado e da salvaguarda científica-tecnológica (Leff, 2006; Porto-Gonçalves, 2006; Limonad, 2007).

É com essa perspectiva que as negociações internacionais sobre o clima têm sido dominadas por discussões em torno dos mecanismos de mercado e tecnológicos, como condutores da in-

---

80 Para a leitura deste documento ver: "Declaração do Rio sobre o Meio Ambiente e Desenvolvimento". Disponível em www.scielo.br/j/ea/a/szzGBPjxPqnTsHsnMSxFWPL/?lang=ptl. Acesso em: 20 jan. 2025.

ternalização dos custos ambientais no processo produtivo. Esses mecanismos, considerados parte primordial dos esforços para enfrentar as mudanças climáticas, baseiam-se, por um lado, na lógica das compensações das externalidades ambientais e, por outro, na estrutura vigente de uma economia financeirizada.

O mercado como política climática

Embora a comunidade internacional tenha reconhecido a gravidade das mudanças climáticas desde a primeira Conferência Mundial sobre o Clima em Genebra, em 1978, as negociações formais para a elaboração da Convenção-Quadro das Nações Unidas sobre Mudança do Clima (UNFCCC) só se iniciaram em 1991.[81] A UNFCCC foi aberta à assinatura em 1992, durante a Conferência das Nações Unidas sobre Meio Ambiente e Desenvolvimento (Rio-92), e entrou em vigor em 1994. A Convenção, ratificada pelo Brasil nesse mesmo ano, estabeleceu um marco legal internacional para a ação climática, pautada pelo princípio da responsabilidade comum, porém diferenciada, e da precaução.[82] Trata-se de um preceito que assegura que a falta de certeza científica não pode ser usada como justificativa para a inação ou o adiamento de medidas que previnam a redução de emissões.

As profundas implicações econômicas das mudanças climáticas estimularam a busca por soluções globais, culminando no desenvolvimento de mecanismos de mercado para mitigar

---

81 Para essa tarefa foi criado um Comitê Internacional de Negociação, responsável por elaborar as bases do que viria a se concretizar como a Convenção-Quadro de Mudanças Climáticas. Para a leitura do texto original desta Conferência, acessar: http://unfccc.int/files/essential_background/background_publications_htmlpdf/application/pdf/conveng.pdf. Acesso em: 03 abr. 2025.

82 Ver a esse respeito o seminário "O Princípio de Precaução (PP)", promovido pelo Instituto de Estudos Avançados da Universidade de São Paulo (IEA/USP), que teve como objetivo debater abordagens de precaução na avaliação e gerência dos riscos causados pelo uso de inovações tecnocientíficas. Disponível em: www.iea.usp.br/midiateca/video/videos-2016/o-principio-de-precaucao-pp. Acesso em: 3 abr. 2025.

as emissões de gases de efeito estufa. A Terceira Conferência das Partes (COP-3), realizada em Kyoto, em 1997, foi um marco neste contexto, resultando na adoção do Protocolo de Kyoto. Este protocolo estabeleceu, pela primeira vez, metas quantitativas obrigatórias de redução de emissões para os países do Anexo I, que englobam as nações industrializadas há mais tempo. Estes países se comprometeram a reduzir coletivamente suas emissões em 5,2% em relação aos níveis de 1990, no período de 2008 a 2012.

A implementação do Protocolo de Kyoto foi viabilizada por três mecanismos de mercado: a Implementação Conjunta; o Comércio Internacional de Emissões;[83] e o Mecanismo de Desenvolvimento Limpo (MDL). O único destes instrumentos no qual os países fora do Anexo I participaram é o MDL. Sinteticamente, trata-se de mecanismos pelos quais os países enquadrados no Anexo I puderam comprar, nos mercados especializados em compensações, Reduções Certificadas de Carbono (os chamados "créditos de carbono"), geradas pelos referidos mecanismos em países em desenvolvimento e utilizá-las no cumprimento de suas metas. No entanto, o MDL também gerou certas críticas, como a concentração de projetos em determinados setores e a falta de garantia de que os créditos de carbono representavam reduções efetivas de emissões.

Em 2015, último ano de vigência daquele Protocolo, os impasses em relação aos projetos de MDL e outros negócios que envolvem compensação de GEE deram o tom das discussões internacionais. Apesar da prorrogação do Protocolo por mais cinco anos, decidida durante a COP-17, ocorrida em Durban, as dúvidas

---

[83] O Comércio de Emissões é um sistema global de compra e venda de emissões de carbono restrito aos países do Anexo I. Por esse modelo, são distribuídas cotas de emissão que podem ser comercializadas, ou seja, aqueles países (ou firmas) que conseguem emitir menos do que suas cotas de emissão podem vender as cotas não utilizadas àqueles que não conseguem atingir a meta estabelecida. Pelo mecanismo de Implementação Conjunta, qualquer país pertencente ao Anexo I pode adquirir de outro país unidades de redução de emissões resultantes de projetos destinados a esta finalidade, ou unidades de remoção de gases de efeito-estufa provenientes de sumidouros, e comprar essas unidades em suas cotas de redução de emissões (NAE, 2005, p. 13-14).

em relação às regras adotadas após esse período trouxeram uma série de inseguranças para as políticas sobre mudanças climáticas, assim como para o mercado. Essa renovação contou com a participação de um número menor de países, com a saída da Rússia, Japão e Canadá, e começou a vigorar no início de 2013.[84]

O Mecanismo de Desenvolvimento Limpo (MDL), restrito aos países Não Anexo I, ou seja, aos países do Sul global que não possuem metas quantificadas de redução de emissões, enfrenta desafios adicionais devido à grande diversidade de condições entre esses países.

A classificação dos países em Anexo I, Anexo II e Não Anexo I[85] no Protocolo de Kyoto reflete essa diferenciação, atribuindo aos dois primeiros grupos, considerados historicamente os grandes poluidores, a responsabilidade primária de reduzir suas emissões. Em contrapartida, cabe ao grupo dos Não Anexo I contribuir com a redução dos países do Norte, por meio de práticas como os MDL. Nota-se que as normativas estabelecidas ao longo das Conferências das Partes da Convenção-Quadro do Clima prestigiam este princípio como corolário de reconhecimento das responsabilidades históricas dos países do Norte e a condição de "subdesenvolvidos" dos países do Sul.

Ainda a respeito desta divisão entre os países, é importante enfatizar que o preceito das "responsabilidades comuns, porém diferenciadas" não se limita aos aspectos históricos em termos de emissões de GEE, mas também se relaciona a uma dinâmica geográfica própria das relações centro-periferia que se reproduz no interior do regime político das mudanças do clima. Essa dinâmica confere aos mercados de carbono uma característica peculiar: a

---

84 O mercado de carbono tem seu auge entre o final de 2005 e meados de 2006, quando há um aumento significativo das atividades deste mercado, chegando os preços da tonelada de carbono a atingir a cifra de 31 euros. Ver a esse respeito KleanIndustries (2007).

85 O Anexo II compreende os membros da OCDE presentes no Anexo I, mas deixa de fora os países com economias de transição; o grupo dos Não Anexo I são países em vias de desenvolvimento, alguns deles identificados como vulneráveis ao impacto das alterações climáticas.

possibilidade de compensar emissões, ou a compra do "direito de poluir".

Trata-se de um mecanismo de mercado que opera com base na lógica da compensação, transformando as reduções de emissões em um novo tipo de mercadoria negociada na esfera financeira. Essa lógica, ancorada em uma divisão geográfica que reflete as desigualdades históricas do capitalismo, abre novas fronteiras para a acumulação de capital. Ao assentir que países desenvolvidos compensem suas emissões adquirindo créditos de carbono de países em desenvolvimento, surgem novos canais de acumulação para o capital sobreacumulado, ao mesmo tempo que reforça a dependência dos países do Sul em relação aos mercados globais.

A Convenção-Quadro sobre Mudanças Climáticas, apesar de ter estabelecido um consenso entre os países, ainda enfrenta desafios complexos relacionados às profundas desigualdades entre os países do Norte e do Sul. Essa divisão, que oculta a heterogeneidade das condições dos países em desenvolvimento, demanda uma análise cuidadosa das bases epistemológicas das políticas climáticas, o que desviaria o foco deste texto.[86]

Conforme apresentado, o MDL foi a única ferramenta de flexibilização acessível aos países em desenvolvimento dentro do regime criado pelo Protocolo de Kyoto. No entanto, a implementação bem-sucedida de projetos MDL exigiu a adoção de tecnologias inovadoras, especialmente aquelas que visam a transição para fontes de energias renováveis. Não por acaso, China e Índia, países com uma geografia energética fortemente baseada em carvão e petróleo, possuíam grande parte dos projetos de MDL implantados até a última compilação feita pelo Ministério de Ciência, Tecnologia e Inovações. Dos 7.690 projetos registrados na UNFCCC até 2016, a China e a Índia concentravam cerca de 70%, enquanto o Brasil, com 339 projetos, ocupava um distante terceiro lugar (MCTI, 2016).

A distribuição desigual dos projetos de MDL expõe uma contradição fundamental: ao mesmo tempo que se apresenta como

[86] Ver a esse respeito Cornetta (2012, p. 203-242).

uma ferramenta para a promoção de uma transição para uma economia de baixo carbono, o mecanismo acaba por reproduzir as desigualdades entre países em desenvolvimento, sobretudo pelos diferentes níveis de industrialização, como demonstra o gráfico a seguir.

Figura 2 – Distribuição do total de atividades de projeto MDL registradas por país até 31 de janeiro de 2016

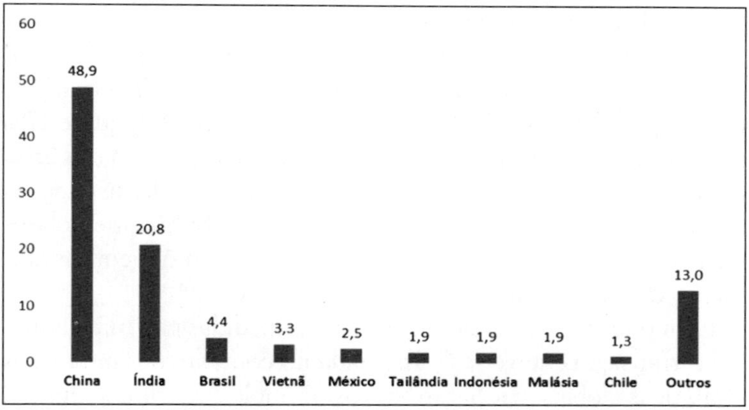

Fonte: MCTI. *Status* dos projetos do Mecanismo de Desenvolvimento Limpo (MDL) no Brasil. Última compilação do *site* da UNFCCC e da CIMGC: 31 de janeiro de 2016.

Nota-se que grande parte dos recursos financeiros destinados a promover projetos de MDL no mundo foram alocados para usinas termelétricas movidas a carvão, sobretudo na China e Índia.[87] Esse dado reafirma a complexidade que existe neste mercado, afinal diversos setores que se servem dos programas relacionados às mudanças climáticas (assim como os países com maiores possibilidades de "destruições criativas") estão entre os que mais emitem GEE.

Logo após o término do período de vigência do Protocolo de Kyoto, este aspecto foi evidenciado no relatório "Global Trends in Renewable Energy Investment", um estudo publicado em 2015 pelo Programa das Nações Unidas para o Meio Ambiente por

[87] Para uma leitura detalhada a este respeito, ver Vidal (2010).

meio do Centro de Colaboração da Escola de Frankfurt-Pnuma para o Financiamento de Energias Sustentáveis e Clima. O estudo já apontava a China como o maior investidor em "energias renováveis" – ao mesmo tempo que é o país que mais emite (Climatewatch, s.d.) –, com um investimento de 83,3 bilhões de dólares, um aumento de 39% em relação aos investimentos feitos em 2013. Em segundo lugar figuram os Estados Unidos, com um investimento de 38,3 bilhões e, em terceiro, o Japão, com 35,7 bilhões de dólares investidos.

De acordo com o referido relatório, o investimento global em energia e combustíveis renováveis (excluindo hidrelétricas de grande porte) foi de 270,2 bilhões de dólares em 2014, quase 17% superior ao ano anterior. Este foi o primeiro aumento em três anos e refletiu várias influências, incluindo o aumento de instalações solares na China e no Japão, totalizando 74,9 bilhões de dólares entre estes dois países, e um recorde de 18,6 bilhões em investimento em projetos de energia eólica na Europa.[88]

Em pouco menos de uma década, as medidas para uma almejada "transição energética", associada no contexto das mudanças climáticas globais, ganharam novos estímulos, sobretudo em um cenário marcado pelos desdobramentos da pandemia da covid-19 e pelo urgente processo de retomada das economias.

Sobre a concepção de uma "transição energética", é importante não perder de vista que esta se faz no interior das dinâmicas contraditórias do capital, em que uma substituição integral das fontes fósseis de energia se apresenta como uma possibilidade fictícia ou ideológica. Como discutido ao longo do capítulo, trata-se de um movimento de coexistência de expansão da produção de diferentes fontes de energia. Esse aparente paradoxo revela a complexidade das dinâmicas energéticas globais, marcadas pelas disputas geoeconômicas e pelos distintos interesses geopolíticos. A coexistência dessas tendências demonstra que a transição energética é um movimento não linear, marcado pelas contradições que acompanham

[88] Para a leitura completa do relatório, acessar http://fs-unep-centre.org/sites/default/files/attachments/press_release_spanish.pdf. Acesso em: 7 mar. 2025.

o curso histórico do capitalismo. Portanto, a transição para uma economia de baixo carbono não significa necessariamente o fim do uso de combustíveis fósseis. Em concordância com Fressoz (2024), trata-se de uma 'expansão simbiótica', em que fontes de energias fósseis e outras fontes de energias renováveis são combinadas em um momento de crise (climática) do capital.

Emblemático neste sentido são os casos de China e Índia que, apesar de figurarem entre os grandes consumidores/produtores de combustíveis fósseis,[89] vêm se destacando entre as principais economias empenhadas na transição energética. No caso da China, o país assumiu a estratégia do "*dual carbon*", em que considera atingir seu pico de emissões de GEE em 2030, para então começar a decrescer e alcançar a neutralidade em 2060.[90] Diversas medidas para essa transição vêm sendo tomadas em setores-chave como energia, indústria, construção e transporte, bem como para o uso de carvão, eletricidade, aço e cimento (Wyk, 2022).

Em uma postura semelhante, a Índia, terceiro consumidor de energia elétrica no mundo, vem consolidando políticas contínuas no setor, tendo 40% de sua capacidade instalada em 2022 proveniente de fontes diversificadas (solar, eólica, biomassa e hidrelétrica), o que a posiciona como o terceiro maior produtor de energias renováveis (International Trade Administration, 2024).

---

89 Os países com as maiores emissões totais de gases de efeito estufa são a China, os Estados Unidos, a Índia e a UE, nesta ordem de importância. No entanto, a análise das emissões *per capita* revela um quadro mais complexo. Os EUA e a Rússia, com 17,6 e 13,3 toneladas de CO_2e/pessoa, respectivamente, apresentam os índices mais elevados. As emissões *per capita* da Índia, em paralelo, estão entre as mais baixas, com apenas 2,5 toneladas CO_2e/pessoa (Vigna; Friedrich, 2023).

90 Este aspecto fica claro nos números atuais da China: ao mesmo tempo em que o país foi responsável pelo maior aumento global na geração de carvão (1.670 TWh desde 2015), superando o crescimento global, também liderou o crescimento das fontes renováveis. A China contribuiu com quase metade (47%) do crescimento global em energia eólica e 40% do aumento na geração solar de 2015 a 2023, conforme aponta o relatório "Global Electricity Review 2024", 2024.

O Brasil, por sua vez, tem direcionado diversas ações voltadas à transição energética (como parte de um projeto mais amplo de reindustrialização do país), situadas no marco da Política Nacional de Transição Energética (PNT) (Ministério de Minas e Energia [MMA], 2024). Esta estabelece as diretrizes orientadoras da estratégia do país para a diversificação das fontes renováveis de energia, considerando eólica, solar, bioenergia (biocombustíveis líquidos e termelétricas à biomassa e resíduos), hidráulica e, inclusive, nuclear (Eletro Nuclear, s.d.). Ao mesmo tempo, o governo federal, ou ao menos grande parte dele, tem se mostrado inclinado à exploração das reservas de petróleo da "Margem Equatorial" (Petrobras, s.d.), como parte importante das estratégias do país para viabilizar a sua transição energética (Moura, 2024).

Em um cenário global instável, marcado por incertezas econômicas e geopolíticas, nota-se que os investimentos na transição energética demonstraram resiliência em 2023, atingindo um novo recorde de 1,77 trilhões de dólares (Bloomberg Nef, 2024). A China manteve sua posição de liderança, com um investimento de 676 bilhões de dólares, correspondendo a 38% do total global. Os Estados Unidos, na segunda posição, apresentaram um investimento de 303 bilhões de dólares direcionados às tecnologias para a transição energética. Entre as economias individuais, a Alemanha se posiciona como o terceiro maior investidor, com um montante de 95 bilhões de dólares. Considerando o bloco europeu, soma-se um investimento superior ao dos EUA, com 360 bilhões de dólares, e os 74 bilhões do Reino Unido de dólares elevam o total europeu para acima de 400 bilhões de dólares. O Brasil, com um investimento de 35 bilhões de dólares, com destaque para as energias renováveis, ocupa a sexta posição no *ranking* global (Bloomberg Nef, 2024, p. 6).

A intensificação dos investimentos em tecnologias de baixo carbono, acompanhada por processos de "destruição criativa", evidencia a transição energética em curso nas primeiras duas décadas do século XXI, cuja sustentação política e econômica ancora-se na relação contraditória entre energias fósseis e renováveis. Trata-se de uma das várias contradições que se desdobram neste cenário em que o mercado sobrepuja as políticas para o clima: emissão-compensação, degradação-preservação, renovável-não renovável, escassez-raridade etc. Em suma, são variações de uma dialética que denotam um movimento absorvido pela própria contradição do capital, em que a "crise climática" – expressão da crise do capital – é utilizada como salvaguarda às supostas soluções do desequilíbrio econômico.

Politicamente, é possível dizer que este cenário emerge a partir de um regime político-econômico das mudanças climáticas, para o qual, aparentemente, a ideia de "salvar o planeta" pode ser possível no interior da mesma lógica que vem gerando há séculos desigualdade e degradação ambiental (Cornetta, 2013; 2022). Acredita-se que a conciliação entre desenvolvimento econômico e a estabilidade climática, ou mesmo a "preservação dos recursos naturais", pode ser assegurada pelo emprego de soluções técnico-científicas e burocráticas de controle territorial e associado à lógica financeirizada da economia.

Sobre as relações entre clima, economia e ciência, Porto-Gonçalves (2011) chama a atenção para a "conversão do capital à causa do aquecimento global". Segundo o autor, esse aspecto vem contribuindo para promover um determinado consenso sobre como lidar com a questão climática:

> A captura da ciência pela lógica financeira tem sido fundamental não só na conformação da opinião pública [...] como também na definição de parâmetros que permitam ao mercado financeiro oportunidades de negócios como o Mecanismo de Desenvolvimento Limpo (MDL) e pelo programa Redução de Emissões pelo Desmatamento e pela Degradação das Florestas (REDD). (Porto-Gonçalves, 2011. p. 5)

Atualmente, os mercados de compensação de gases de efeito estufa, apesar de muitos não estarem necessariamente vinculados a metas ou diretrizes específicas de algum tratado sobre mudanças climáticas, seguem a mesma tendência quanto ao seu funcionamento, isto é, seguem as premissas da tese das mudanças climáticas de origem antrópica e as determinações técnicas para os necessários "ajustes na produção". A emergência desses mercados reflete uma nova dinâmica geopolítica, na qual a questão climática se tornou um fator central nas relações internacionais, gerando um contexto em que os países buscam posições de liderança na transição para uma economia de baixo carbono.

Para garantir a efetividade dessas ações, tanto em termos de mitigação das mudanças climáticas quanto de viabilização de suas transações comerciais, é fundamental que as reduções de emissões sejam "adicionais",[91] ou seja, comprovadamente geradas por essas iniciativas e não por outras medidas já em curso.

A contabilidade das emissões de GEE em diversas atividades econômicas, por meio de mecanismos metrológicos, tornou-se um elemento central para a governança climática. A gestão do carbono, que envolve a medição e o monitoramento das emissões ao longo de toda a cadeia produtiva – a chamada "pegada de carbono" –, tem ganhado destaque como uma ferramenta estratégica de um ponto de vista político e econômico, como discutido a seguir.

Copenhague, Paris

Apesar do suposto fracasso atribuído à Conferência das Nações Unidas sobre Mudanças Climáticas de 2009, realizada em Copenhague, a COP-15 pode ser considerada como um marco em relação aos "deveres de casa", especialmente pela sua diretriz que estimula aos países determinar suas metas de redução de emissões, por meio das chamadas Ações Nacionalmente Apropriadas de Mitigação (Namas, na sigla em inglês).[92]

O Brasil, em uma posição de destaque, apresentou durante a COP-15 metas voluntárias de redução de gases de efeito estufa com o objetivo de reduzir suas emissões totais entre 36,1% e 38,9% até 2020 (em relação ao ano base de 1990). A aposta era a de que o

---

91 Critério estabelecido pelo Artigo 12 do Protocolo de Kyoto, ao qual estão submetidos os projetos de MDL. Sob este critério, uma atividade deve, comprovadamente, resultar na redução de emissões de GEE ou no aumento de remoções de CO_2 da atmosfera. Este critério tem como objetivo avaliar se a atividade proporciona uma redução (mensurável) e de longo prazo de emissões.

92 As Namas são voluntárias, mas ao serem informadas e registradas são verificáveis e, ao serem verificáveis, tornam-se, para todos os fins práticos, obrigatórias.

país deixaria de emitir entre 975 milhões e 1 bilhão de toneladas de gases efeito estufa até 2020 em relação à projeção das emissões de 1990 (Brasil, 2010).

Naquele momento, o Brasil contava com diretrizes internas previstas no "Plano Nacional de Mudanças Climáticas", com a inclusão de ações, indicadores e metas específicas de redução de emissões e mecanismos para a verificação do seu cumprimento. Dentre as estratégias que foram traçadas para o cumprimento das metas assumidas pelo governo brasileiro na COP-15 está a promoção da redução do desmatamento dos biomas Cerrado e Amazônia por meio das seguintes ações: mecanismos de sequestro florestal de carbono; expansão da fixação de nitrogênio no solo; implantação de sistemas de integração lavoura-pastagens-florestas; expansão do plantio de florestas plantadas em 3 milhões de hectares, entre outras ações que repercutem em desdobramentos no campo, especificamente em "ajustes" nos mais diversos usos e ocupação do solo.

Seguindo a perspectiva de quantificação e a adoção de metas em relação a emissões de GEE (mesmo que voluntárias), a COP-21, em Paris, marcou um ponto de inflexão nas negociações climáticas internacionais. Em vez de estabelecer um tratado vinculante com metas obrigatórias, a exemplo do Protocolo de Kyoto, a conferência adotou uma abordagem *bottom-up*, isto é, na qual cada país estabelece suas próprias metas de redução de emissões, as chamadas Contribuições Nacionalmente Determinadas Pretendidas (iNDCs, na sigla em inglês).

Ao unificar as agendas de desenvolvimento, financiamento e clima, o Acordo de Paris galvanizou a métrica do carbono na agenda internacional e estabeleceu uma perspectiva de alinhamento das políticas nacionais a uma estrutura global, com envolvimento de todos os países nos esforços de redução das emissões de GEE. Para cumprir os compromissos de cada país, o acordo adotou a meta de "emissões líquidas zero" e permite o uso de "resultados internacionalmente transferíveis de mitigação" para a sua implementação. É justamente a partir destas medidas que se criam as bases para o funcionamento de um mercado internacional de carbono (Moreno *et al.*, 2016, p. 27).

Com o objetivo de estabelecer um ponto de partida para as negociações climáticas da COP-21, os países foram convidados a apresentar suas iNDCs até 1º de outubro de 2015. Essas contribuições, que detalham as ações que cada país se compromete a tomar para reduzir suas emissões de GEE, foram cruciais para traçar um panorama global das ambições climáticas e orientar as discussões em Paris, especialmente no que diz respeito a uma virada no mundo para a economia de baixo carbono.

Para isso, o Acordo estabelece um compromisso de limitar o aumento da temperatura média global a 1,5 °C acima dos níveis pré-industriais, reconhecendo que um aumento superior a 2 °C exporia a humanidade a riscos climáticos considerados altamente nocivos.[93] No entanto, passados dez anos após a sua assinatura, questões cruciais como o financiamento de medidas de adaptações para os países e regiões mais vulneráveis ainda persistem como um grande embate entre os países do Norte e o Sul global.

Originalmente, o Acordo previa que os países industrializados há mais tempo destinassem 100 bilhões de dólares por ano em ajuda aos países pobres, para serem aplicados em atividades voltadas para a adaptação e mitigação capazes de capturar ou armazenar emissões de GEE. Durante a COP-29, realizada no Azerbaijão, esse financiamento saltou para 300 bilhões de dólares anuais até 2035 para mitigação, adaptação e cobertura de perdas e danos relacionados às mudanças climáticas, valor muito aquém ao 1,3 trilhão de dólares reivindicado pelos países em desenvolvimento (Laclima, 2024).

Além deste aspecto central que marca as disputas da geopolítica do clima, outros fatores chamam a atenção, particularmente em relação aos compromissos de os países apresentarem as suas NDCs. O acordo prevê a cada cinco anos a atualização de planos para o corte de emissões de GEE e planos de adaptação à mudança

---

93 Como visto no primeiro parágrafo deste livro, esse limite foi superado no ano de 2024, segundo a OMM.

do clima. Entretanto, em 2025, ano em que marca a implementação do Acordo de Paris, grande parte dos países signatários não entregaram as suas NDCs dentro do prazo estipulado. Conforme reporta o *site* Carbon Brief, quase 95% dos países perderam o prazo de envio para a atualização de suas metas climáticas para 2035. Segundo o *site*, os 182 países atrasados representam cerca de 83% das emissões de GEE e 80% da economia global.[94]

Embora os EUA tenham sido um dos que apresentaram com antecedência suas novas metas climáticas ainda sob o governo de Joe Biden, sua eminente retirada do Acordo de Paris foi anunciada logo no início do mandato de Donald Trump. É importante destacar que, apesar da saída formal do governo federal estadunidense do acordo, parte significativa dos estados e empresas mantém suas iniciativas relacionadas às políticas climáticas e aos negócios do clima. Outras, porém, se aproveitam do cenário político para retirar investimentos ligados à agenda climática e ambiental. Trata-se, como mencionado anteriormente sobre os efeitos das instabilidades políticas, de um movimento semelhante ao ocorrido no primeiro governo Trump (2017-2021), e de outros momentos históricos daquele país, como a não ratificação do Protocolo de Kyoto e as ameaças de não adesão à Convenção do Clima de 1992.

Evidentemente que essas oscilações nos posicionamentos dos EUA refletem em questões na governança climática global, tendo em vista os efeitos imediatos dos bloqueios anunciados para iniciativas ligadas às mudanças climáticas, inclusive recursos para a produção científica (Phillis, 2024; Escobar, 2025).

Neste cenário, as discussões em torno do financiamento climático, centro dos debates da COP-30, em Belém do Pará, em 2025, ganham ainda mais relevância, sobretudo em razão das disputas geoeconômicas em questão. Para além das cifras reivindicadas pelos países em desenvolvimento na COP-29 – e que agora inclui um posicionamento conjunto dos Brics pelo 1,3 trilhão de dólares (Souto, 2025) –, as atenções voltam-se para as fontes de financia-

94 Para mais detalhes, ver Dune (2025).

mento e a maneira como essa engenharia será desenhada para a realocação dos recursos.

De acordo com o estudo "Raising ambition and accelerating delivery of climate finance" [Elevar a ambição e acelerar a disponibilização de financiamento climático], estima-se que os países em desenvolvimento (com exceção da China) precisam investir 2,7 trilhões de dólares por ano até 2030 para atingir suas metas climáticas e ambientais. Desse total, 1,4 trilhão de dólares viria de fontes nacionais e 1,3 trilhão de dólares de investimentos estrangeiros (Bhattacharya *et al.*, 2024, p. 4).

Os caminhos passam por uma combinação de diferentes fontes, o que inclui fundos públicos dos países desenvolvidos, taxação e redirecionamento de subsídios de combustíveis fósseis, financiamentos de bancos multilaterais, além dos investimentos privados (Alayza; Larsen, 2025). Dentre estas fontes, a principal se situa nos bancos multilaterais de desenvolvimento, especialmente no Banco Mundial, ao assumir na COP-29 o compromisso de fornecer 120 bilhões de dólares em financiamento climático para países de baixa e média renda até 2030.[95]

No entanto, é preciso considerar que grande parte desses países, sobretudo aqueles que vêm sofrendo nas últimas duas décadas com os efeitos de eventos climáticos extremos, possuem níveis de endividamento elevados, o que reduz significativamente as suas capacidades de investimento em adaptação territorial. Países como Belize, Fiji e Moçambique são exemplos de como as restrições fiscais vêm dificultando suas ações frente aos efeitos das mudanças climáticas, além de restringir suas capacidades no processo de transição energética e para o desenvolvimento de uma economia de baixo carbono (Alayza; Larsen, 2024).

Esta relação, conforme alguns estudos vêm apontando (World Bank Goup, 2022), representa um aprofundamento dos riscos climáticos, capaz de desencadear um ciclo vicioso no qual a queda nas receitas públicas e o aumento dos gastos emergenciais

---

95 Ver "Joint Multilateral Development Banks (MDBs) Statement for COP 29 – MDBs' Support to Implementing the Paris Agreement", 2024.

limitam ainda mais os investimentos em infraestrutura climática, agravando as vulnerabilidades existentes – fenômeno que vem sendo chamado de "armadilha da dívida climática".

Portanto, os desafios que se colocam para a COP-30 não residem apenas em ampliar os volumes financeiros, mas também em repensar as maneiras pelas quais a cooperação internacional se estrutura. Neste sentido, pensar em mecanismos que relacionem a dívida dos países com as políticas climáticas torna-se um imperativo neste cenário, sob pena de se aprofundar os endividamentos e, consequentemente, os riscos climáticos.

Se, por um lado, esses recursos mostram-se cruciais para a implementação dos compromissos do Acordo de Paris – especialmente no que diz respeito à garantia de adaptação territorial, e com expectativas de avanços na COP-30 –, por outro, ampliam as oportunidades de inovações e destruições criativas, sobretudo para os países mais bem situados economicamente. Essa dinâmica não apenas gera novas formas de competitividade territorial, como também reforça certos padrões do desenvolvimento geográfico desigual e combinado, como tratado a seguir.

Políticas metrológicas e estratégias territoriais competitivas

As primeiras diligências para uma política metrológica no Brasil partem das pesquisas desenvolvidas pelo Centro de Estudos em Sustentabilidade da Fundação Getúlio Vargas – Eaesp (GVces), mais precisamente pela Plataforma Empresas Pelo Clima (EPC) e pelo Programa Brasileiro GHG Protocol. Trata-se, de acordo com estas entidades, de um "conjunto de iniciativas que cumprem de modo integrado o objetivo de auxiliar as organizações brasileiras na liderança rumo à economia de baixo carbono" (Fundação Getulio Vargas [FGV]; Empresas pelo Clima [EPC], 2013).

Para alinhar as práticas nacionais aos padrões internacionais de quantificação e gestão de gases de efeito estufa, o Brasil adotou o referido Programa GHG Protocol. Originário dos Estados Unidos e elaborado em 1998 pelo World Resources Institute (WRI),[96] esse

96 Para mais informações, acessar http://www.wri.org/. Acesso em: 30 mar. 2025.

programa, amplamente utilizado internacionalmente, fornece um conjunto de metodologias e diretrizes para a elaboração de inventários de emissões, garantindo a comparabilidade dos resultados em escala global.

Uma década após a sua criação, essa metodologia foi adaptada ao contexto brasileiro pelo GVces e WRI em parceria com o Ministério do Meio Ambiente (MMA), o Conselho Empresarial Brasileiro para Desenvolvimento Sustentável (CEBDS) e o World Business Council for Sustainable Development (WBCSD). O Programa, de forte interesse privado, conta com a participação de mais de 50 empresas de vários setores: do agronegócio, como Monsanto, Klabin, Suzano; de energia como Shell, AES, Petrobras, BP, Eletrobras, Copel; da mineração como Alcoa, Votorantim, Samarco; além de grandes empresas de cosméticos, bancos, empreiteiras, automobilísticas, alimentação, telecomunicações etc.[97]

Em linhas gerais, o objetivo do programa volta-se às vantagens competitivas que as empresas podem adquirir a partir de inventários de suas emissões de GEE, parte central da chamada "gestão de carbono". De acordo com as entidades responsáveis:

> O resultado destes programas é conseguir que as empresas compreendam e possam gerir convenientemente os seus riscos de GEE, se quiserem garantir o seu sucesso, a longo prazo, num ambiente de negócio competitivo, preparando-se assim para futuras políticas climáticas, nacionais ou regionais. (WBCSD; WRI, 2008, p. 3)

A crescente necessidade de estabelecer uma padronização entre as escalas envolvidas para enfrentar as mudanças climáticas tem levado à criação de um conjunto de normas e regulamentações às quais os territórios devem se submeter para entrar em conformidade com as diretrizes internacionais sobre questões climáticas. Surge, assim, no interior da geopolítica das mudanças climáticas, normativas que podem acentuar as disparidades geográficas, reforçando a lógica das empresas globais sobre os territórios e

---

97 Para mais informações, ver: FGVCES. "Programa Brasileiro GHG Protocol", s.d.

valorizando, por exemplo, atividades mitigadoras em uma lógica competitiva, em detrimento de programas de adaptação territorial (Cornetta, 2012; 2017).

Em um plano mais detalhado, ao estabelecer a quantificação das emissões de gases de efeito estufa em diferentes setores da economia, essa normatização passa a estimular o desenvolvimento de inovações tecnológicas e de reorganização produtiva. Sumariamente, os sistemas de gestão de emissões de GEE passam por três etapas necessárias: inventário; projeto de redução/compensação; implementação, monitoramento e comunicação. As diversas etapas e variáveis que envolvem este procedimento da gestão do carbono implicam um movimento de reorganização da atividade produtiva, cujos objetivos passam pela incorporação de novos modelos de negócio, incluindo novos produtos e serviços, além de alternativas operacionais.[98]

O êxito das ações de redução de emissões ou que gerenciam remoções de GEE em determinada atividade produtiva depende, como anunciam os especialistas (Monzoni; Biderman, 2013), da incorporação de métodos de mensuração que sejam aceitos pelos órgãos competentes. A legitimidade da contabilização das emissões (sua credibilidade para o mercado) é assimilada como primordial para o monitoramento e efetividade dos investimentos em mitigação, assim como para fundamentar as decisões sobre inovações tecnológicas ou ajustes na produção. Essas decisões incluem, invariavelmente, mudanças no padrão energético, uma nova distribuição dos fatores da produção e gerência, ou mesmo processos de inovação mais amplos.

Como abordado no primeiro capítulo, as circunstâncias das inovações referem-se a alterações do equilíbrio existente. Ou seja, são elas que projetam novos investimentos e, consequentemente, uma demanda cumulativa de capital – quer do tipo fixo, materializado em novas máquinas e construções mais eficientes,

---

98 O Institute of Environmental Management and Assessment, organização inglesa, vem desenvolvendo uma série de estudos sobre o tema que podem ser conferidos em: www.iema.net/. Acesso em: 30 mar. 2025.

sobretudo energeticamente, o que pode incluir a economia com capital constante, ou mesmo no ganho com os ativos intangíveis, como certificados de compensação de GEE.

Tais medidas, conforme o entendimento hegemônico, fazem parte das estratégias empresariais que impulsionam a capacidade competitiva. Investimentos em tecnologias limpas, economia circular e inovação são cada vez mais comuns, à medida que as empresas incorporam uma suposta "sustentabilidade" enquanto diferencial competitivo. Reforçam essa tendência a valorização de determinada marca não só em termos de visibilidade ao consumidor, mas também em relação aos índices de sustentabilidade[99] e o decorrente acesso a linhas de créditos específicas.

Conforme observado, a percepção das mudanças climáticas como uma oportunidade de negócios e de reposicionamento competitivo não se restringe ao setor privado. Governos ao redor do mundo também têm incorporado essa perspectiva em suas políticas e discursos oficiais. Sobre este aspecto, diversos autores discutem como o "dogma da competitividade" não se restringe às dinâmicas econômicas, mas se impõe, ao mesmo tempo, à lógica dos territórios (Ardinat, 2012; Santos, 2004).

---

99 No Brasil, destaca-se o Índice de Sustentabilidade Empresarial (ISE B3), experiência pioneira na América Latina, criado em 2005 como "uma ferramenta para análise comparativa da performance das empresas listadas na Bolsa de Valores sob o aspecto da sustentabilidade corporativa, baseada em eficiência econômica, equilíbrio ambiental, justiça social e governança corporativa". Este índice foi "originalmente financiado pela International Finance Corporation (IFC), braço financeiro do Banco Mundial. Para mais detalhes, acessar: https://www.b3.com.br/pt_br/market-data-e-indices/indices/indices-de-sustentabilidade/indice-de-sustentabilidade-empresarial-ise-b3.htm. Acesso em: 30 mar. 2025. Especificamente sobre emissões de gases de efeito estufa, a BM&FBovespa e o BNDES, numa iniciativa conjunta, criaram o Índice Carbono Eficiente (ICO_2 B3). Trata-se de um indicador criado para incentivar as empresas emissoras das ações mais negociadas a aferir, divulgar e monitorar suas emissões de GEE, preparando-se, dessa forma, para atuar em uma economia chamada de "baixo carbono". Para mais detalhes, acessar: https://www.b3.com.br/pt_br/market-data-e-indices/indices/indices-de-sustentabilidade/indice-carbono-eficiente-ico2-b3.htm. Acesso em: 30 mar. 2025.

Os diversos Fóruns Estaduais sobre Mudanças Climáticas são exemplos de como os discursos oficiais vêm incorporando a componente "competitividade" dentro das perspectivas (ou oportunidades) que surgem a partir das possibilidades de práticas mitigadoras de GEE em termos de visibilidade, flexibilização dos negócios, inovações tecnológicas e reorganização produtiva. Como chama a atenção o estudo "Economia da Mudança do Clima no Brasil: Custos e Oportunidades", coordenado pelo economista Jacques Marcovitch:

> As projeções dos impactos da mudança do clima sobre a economia brasileira nos próximos 40 anos sugerem ser possível associar metas ambiciosas de crescimento com a redução de emissões de gases de efeito estufa. Do ponto de vista estritamente econômico, trata-se de elevar a competitividade do país e assegurar amplo acesso a mercados que tendem a favorecer produtos e serviços com baixa emissão de carbono. (Marcovitch *et al.*, 2010, p. 74)

Interessa notar que, historicamente, as inovações tecnológicas e as decorrentes destruições criativas são demandadas sobretudo nos momentos de crise econômica, como parte de um conjunto de medidas que visam a recuperação da economia ou a rearticulação entre capital, trabalho e recursos.

Em junho de 2009, como parte de uma estratégia de superação da crise financeira de 2008, a União Europeia e mais 34 países assinaram a "Declaração do crescimento verde". Em linhas gerais, o documento volta-se para as atividades de baixa emissão de GEE, e aquelas que possam ser enquadradas dentro do que se entende por "economia verde". Pouco tempo depois, esse documento se desdobrou em uma série de estratégias indicadas pela OCDE para o almejado crescimento com base em princípios da "economia verde". Estas estratégias, publicadas em 2011 no documento "A caminho do crescimento verde",[100] fazem parte de um entendimento em que a economia de baixo carbono é considerada como catalisadora do desenvolvimento econômico, "assegurando simultaneamente que as

100 O conteúdo deste documento pode ser acessado em: http://www.oecd.org/greengrowth/48536946.pdf. Acesso em: 10 jan. 2025.

riquezas naturais continuam a fornecer os recursos e os serviços ambientais, dos quais depende o nosso bem-estar" (OCDE, 2011, p. 4).

A pesquisa aponta que esses investimentos devem fomentar inovações que "irão apoiar o crescimento verde e dar origem a novas oportunidades econômicas" (OCDE, 2011, p. 4). Verifica-se, ao longo do texto, que as estratégias de competitividade e inovações tecnológicas são ressaltadas como parte fundamental de uma transição para a economia de baixo carbono, sendo esta entendida como parte importante de um movimento para a superação da crise econômica, e de grande parte dos problemas ambientais enfrentados contemporaneamente.

Este movimento ganha novas feições com a crise sanitária da Covid-19, mais especificamente a partir do questionamento sobre como as políticas econômicas podem promover uma recuperação pós-pandemia, cujos resultados possam beneficiar ao mesmo tempo a população mais vulnerável, assim como assegurar a preservação do ambiente. Pode-se dizer que, em grande medida, este debate está associado à concepção de um "novo acordo verde", que proporcionaria uma recuperação econômica com a transformação do modelo de desenvolvimento até então associado à economia de alto carbono (Mathias *et al.*, 2021).

A expressão "Green New Deal" emergiu no debate público em 2007, sendo popularizado por Thomas Friedman (2007) no artigo "*The power of green*", publicado no *New York Times*. O autor argumenta que um novo acordo verde não é apenas uma medida ambiental, mas sim um fator geoestratégico crucial para o futuro dos Estados Unidos e do mundo.

Nota-se que, a partir das demandas geradas pela pandemia da Covid-19, ganhou força um conjunto de políticas que buscam estimular a economia por meio de um modelo de desenvolvimento de baixo carbono. Dentro dessa perspectiva, identificam-se o Green Deal europeu, o Green New Deal estadunidense e o Global Green New Deal, apresentado pelo Programa das Nações Unidas para o Meio Ambiente (Pnuma).

As peculiaridades que surgem em conceitos correntes da administração e da microeconomia, sobretudo *concorrência* e *inovação*, chamam a atenção nos referidos documentos. Nichos ecológicos competitivos, crescimento verde, ecoinovações, inovação verde são alguns dos termos utilizados, o que assevera a virada a uma economia (capitalista) "sustentável", amparada, notadamente, pelos velhos pressupostos da teoria econômica neoclássica.

> É sobre essa assimilação, contudo, que se constrói a teoria da competitividade, um dos pilares da globalização. Aplicada aos territórios, essa noção marca uma nova etapa da 'mercantilização do mundo', porque subentende que existe um 'mercado de territórios' em que as empresas podem escolher suas bases a partir do jogo da concorrência. Em um mundo onde tudo, ou quase tudo, pode ser cotizado na Bolsa (direitos de poluir, títulos de dívidas, matérias-primas), a competitividade faz as vezes de bússola para os investidores ao avaliar a suposta performance de um território. (Ardinat, 2012a, s/p)

A competitividade, em sua acepção mais ampla, refere-se à habilidade de superar a concorrência na disputa por mercados. A teoria econômica neoclássica vincula essa capacidade à eficiência, conceituada como a maximização dos resultados (lucros) em relação aos recursos utilizados (insumos). Essa eficiência é avaliada por meio da análise das relações entre os diversos elementos do processo produtivo, tais como insumo-produto, custo-receita, produção-demanda (Mas-Colell *et al.*, 1995). Segundo Michael Porter,[101] professor de estratégia empresarial na *Harvard Business School*, a eficiência operacional é a chave para a "vantagem competitiva" (Porter, 1998).

A aplicação dessa mentalidade aos territórios revela seu nível de inserção na geografia econômica global, estabelecendo uma relação contraditória entre as escalas geográficas envolvidas. Como destaca Santos (2004) em sua análise sobre "guerra dos lugares", ao mesmo tempo que as empresas buscam os melhores sítios para

---

101 Dentre os inúmeros trabalhos publicados por Michael Porter sobre o tema, destaca-se o livro *The Competitive Advantage of Nations* [A vantagem competitiva das nações], de 1990, em que o autor analisa os atributos de um país para promover vantagens competitivas para as empresas sediadas em determinado território nacional.

se instalar, os próprios territórios competem de forma a atrair novos investimentos e reter os já instalados. Contudo, Ardinat (2012) chama a atenção para os riscos em transpor uma perspectiva própria da microeconomia e da administração para o âmbito das políticas territoriais. Santos (2004) aprofunda essa crítica ao demonstrar como os lugares se diferenciam pela capacidade de oferecer rentabilidade aos investidores. O autor argumenta que:

> Na medida em que as possibilidades dos lugares são hoje mais facilmente conhecidas à escala do mundo, sua escolha para o exercício dessa ou daquela atividade torna-se mais precisa. Disso, aliás, depende o sucesso dos empresários. É desse modo que os lugares se tornam competitivos. (Santos, 2004, p. 249)

Em contraste, um território ou espaço de reprodução social da existência de uma sociedade ou determinado grupo não se reduz aos dados econômicos; as taxas (juros, desemprego, inflação etc.), as notas ou índices (designados pelas agências de risco), orçamentos (da União, alocação de recursos etc.) refletem apenas um aspecto do território – material, superficial. Por mais que os teóricos da firma insistam, um território não faz balanços ou auditorias, tampouco pode ser liquidado (Ardinat, 2012). O discurso da competitividade vem sendo aplicado à política como chave para a resolução dos mais variados problemas, uma espécie de "aptidão para o bem-estar", como entende o economista Karl Aiginger:

> De acordo com a minha interpretação, em breve o consenso será que a competitividade deve ser definida como a 'capacidade de criar bem-estar' e, além disso, que qualquer aplicação abrangente deste conceito deve incluir uma 'avaliação de resultados' e uma 'avaliação do processo' [...]. O bem-estar de uma nação é assumido para relacionar principalmente com sua renda *per capita*. O segundo componente mais importante será, provavelmente, as perspectivas de emprego/desemprego. Avaliações mais amplas incluem metas distributivas, sociais e ecológicas e alguns objetivos não econômicos (segurança, estabilidade, expectativa de vida). Finalmente, economias competitivas devem atender a vários controles de 'sustentabilidade'. (Aiginger, 2006, p. 162, tradução nossa)

Absorvida pelas políticas climáticas, a metrologia e a gestão do carbono, tornam-se centrais neste cenário de "competitividade territorial", ou, como sugere o economista citado, é parte de uma "avaliação de resultados", de uma "avaliação do processo", para atender a certos controles de "sustentabilidade". Outro aspecto a ser considerado sobre o jogo das "competições territoriais" – mais especificamente dentro daquilo que já se denomina por "concorrência climática" – são as sanções e barreiras comerciais criadas por meio de tarifas sobre emissões de carbono (Motta *et al.*, 2011).

A justificativa para essas medidas é que o controle das emissões em um país pode incentivar o deslocamento da produção, ou do consumo, para outro país em que os custos de emissões sejam menores – a chamada fuga ou vazamento (*leakage*) de emissões (Motta *et al.*, 2011). Com este princípio, emissões de gases de efeito estufa e emissões de poluentes em geral são consideradas externalidades de um meio produtivo, justamente por não estarem integralmente incorporadas ao produto final. Entretanto, na perspectiva da economia de baixo carbono, há uma busca por associar as emissões ao produto.

Segundo a tese das mudanças climáticas antropogênicas, por se tratar de um fenômeno global, todos os países estão sujeitos aos efeitos adversos causados pelas emissões de GEE. Assim, a postulação de barreiras sobre emissões de carbono encontraria seu respaldo no próprio entendimento hegemônico sobre clima e suas mudanças, especialmente pela escala em que se interpreta o fenômeno.

Dentro desta perspectiva, a União Europeia, em 2026, passa a cobrar taxas por emissões de GEE embutido nas importações, por meio de um "Mecanismo de Ajuste de Carbono na Fronteira"[102] (CBAM, sigla em inglês). Trata-se de uma ação central para o chamado "Objetivo 55", um conjunto de ajustes nas leis climáticas da UE, introduzido em 2021, cuja norma torna vinculante a meta

102 Para leitura completa do texto que cria o "mecanismo de ajustamento carbónico fronteiriço" ver Parlamento Europeu, 2023.

de redução das emissões de GEE do bloco em pelo menos 55% até 2030, em comparação com os níveis de 1990.

A justificativa, como discutido anteriormente, reside no entendimento de que as mudanças climáticas constituem um problema global que demanda soluções na escala global. No entanto, a ineficiência das políticas climáticas em muitos países, segundo o posicionamento do bloco europeu, tem levado à transferência de emissões excedentes:

> À medida que a UE eleva sua própria ambição climática, e enquanto políticas climáticas menos rigorosas prevalecem em muitos países não membros da UE, existe o risco do chamado 'vazamento de carbono'. O vazamento de carbono ocorre quando empresas sediadas na UE transferem a produção intensiva em carbono para o exterior, para países com políticas climáticas menos rigorosas do que as da UE, ou quando produtos da UE são substituídos por importações mais intensivas em carbono. (European Commission, 2025, s/p)

Sobre este aspecto, nota-se que os países desenvolvidos, em particular a Europa Ocidental, preocupados em perder competitividade e cientes da ineficiência de suas políticas climáticas, tendem a impor tarifas sobre produtos importados de nações com metas de redução de emissões menos ambiciosas. Neste sentido, verifica-se que as políticas protecionistas de taxação de emissões têm despontado, cada vez mais, como uma questão nas disputas geoeconômicas. China e Índia já se manifestaram diversas vezes a respeito das chamadas "tarifas de carbono",[103] acusando-as de um protecionismo disfarçado que pode ter efeitos prejudiciais aos países em desenvolvimento.[104]

---

103 Pode-se dizer que a tendência de taxação sobre emissões de carbono inicia-se nos EUA, em 2009, com um projeto de lei que propôs um sistema de *cap and trade* (limitação e comércio de emissões), no qual o governo estabeleceria um limite (*cap*) para a quantidade total de GEE que podem ser emitidos nacionalmente. Ver H.R.2454 – American Clean Energy and Security Act of 2009.

104 Na COP-29, realizada em Baku, Arzeibajão, a China, representando o grupo Basic, que também inclui Brasil, Índia e África do Sul, solicitou à ONU a

Este aspecto é evidenciado no relatório "A European Union Carbon Border Adjustment Mechanism", realizado pela UNCTAD em 2021, cujos resultados apresentam alguns dos efeitos que estas taxas podem ter em outros países, conforme mostra o gráfico a seguir:

Figura 3 – Exportações para a UE (2019) em setores considerados no Mecanismo de Ajustamento de Carbono na Fronteira (CBAM). Vinte países mais expostos em termos de valor agregado das exportações (bilhões de US$)

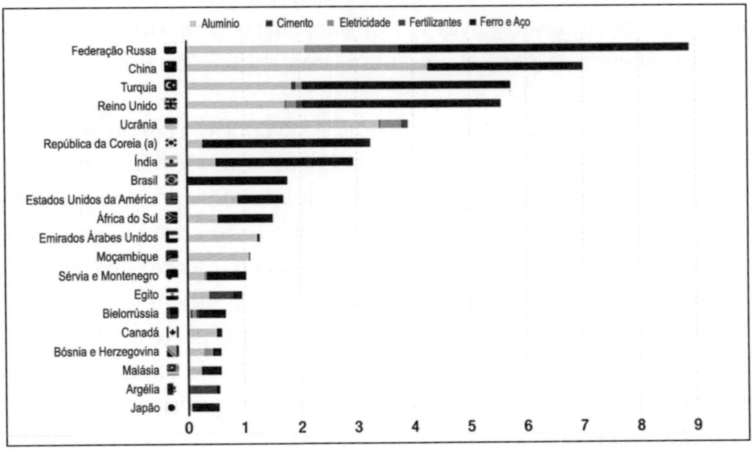

Fonte: UNCTAD. A *European Union Carbon Border Adjustment Mechanism*: Implications for developing countries. 14 jul. 2021.

Nota-se que dos dez países mais afetados pelas taxas de carbono da UE, metade pertence aos Brics. Rússia e China lideram o *ranking*, o que denota a grande dependência da Europa em relação aos seus produtos industriais, especialmente nos setores de alumínio, cimento, ferro e aço. A grande dependência da UE em relação a esses produtos, combinada com as políticas climáticas

inclusão, na agenda da Conferência, da discussão sobre as preocupações dos países em desenvolvimento em relação a medidas comerciais unilaterais, em particular as tarifas sobre produtos com alta emissão de carbono. Ver UNFCC. COP-29. Submission by China on behalf of the Basic Group, 2024.

mais rigorosas da Europa, torna esses países, aparentemente, mais vulneráveis ao impacto do CBAM.

No entanto, o que se observa é que ao mesmo tempo que os países dos Brics atingem seus maiores índices de emissões de GEE, eles também estão entre os que mais investem em energias renováveis, conforme apresentado no primeiro capítulo. Trata-se de uma postura que, em grande medida, ajusta o corte geopolítico das mudanças climáticas. Historicamente, países como China, Brasil e Índia vêm assumindo, nos debates e acordos internacionais sobre meio ambiente e clima, um posicionamento que reivindica o direito de se desenvolver e, consequentemente, utilizar fontes fósseis de energia para alcançarem uma transição econômica de baixa emissão.

Agora, considerando estas medidas de controle em outro recorte geográfico, por exemplo, com metas de emissões diferenciadas entre Unidades Federativas. Quais desdobramentos podem ocorrer na geografia econômica de um país, sobretudo com os prováveis deslocamentos de empresas para estados com maiores "vantagens competitivas" ou flexibilidades em relação a políticas de emissões de GEE? A dinâmica da competitividade como parte central para a transição econômica de baixo carbono evidencia um movimento corrente (e cada vez maior) de fusões entre as políticas públicas e os negócios privados. Isso não apenas enquanto aparato construído pelo Estado para a reprodução ampliada do capital, mas enquanto concepção política que passa a guiar as decisões tomadas pelos formuladores de políticas.

Sob a justificativa do bem-estar social e do equacionamento dos problemas ambientais que se alastram pelo mundo, iniciativas privadas com o apoio governamental possuem cada vez mais a precedência, em detrimento dos interesses coletivos. Paradoxalmente, à medida que aumentam e se aprimoram os instrumentos de controle territorial, como os dispositivos metrológicos, entre as inúmeras formas de controle de fenômenos sociais (e aqui entendemos as mudanças climáticas como tal), amplificam-se, do outro lado do processo, os riscos socioambientais, as vulnerabilidades territoriais, a perda de autonomia etc.

O AVANÇO DA ECONOMIA DE BAIXO CARBONO NO CAMPO BRASILEIRO E OS DIFERENTES INSTRUMENTOS DE ATUAÇÃO NOS TERRITÓRIOS

Como discutido até o momento, a crise climática global, como desdobramento da crise estrutural do capitalismo, tem reconfigurado as dinâmicas econômicas, sociais e territoriais em diferentes escalas geográficas. No contexto brasileiro, esse fenômeno se manifesta de maneira particular no espaço rural, onde a produção agrícola e a conservação das florestas são integradas a novas lógicas de investimento e valorização, impulsionadas pela necessidade de mitigação das mudanças climáticas e pela crescente concorrência por recursos e mercados.

A emergência de uma "economia de baixo carbono" não apenas reflete pressões ambientais, mas também revela uma reestruturação do capitalismo, que passa pela conversão de parte de suas contradições e externalidades negativas em novas oportunidades de acumulação. Nesse cenário, o campo brasileiro torna-se palco de transformações significativas, marcadas pela integração de práticas e discursos que associam a produtividade agrícola à redução e compensação de emissões de gases de efeito estufa (GEE), assim como a conversão da floresta em sumidouros de carbono.

A partir da discussão desenvolvida até o momento, é possível levantar algumas questões em relação à atual produção do espaço rural brasileiro, sobretudo no que diz respeito às maneiras pelas quais as terras agricultáveis e as florestas vêm sendo inseridas progressivamente nos atrativos de investimento que surgem no contexto das mudanças climáticas. Questiona-se, assim, a crescente importância desses atrativos no contexto dos negócios envolvendo as mudanças do clima, ao mesmo tempo em que certos setores marcados pelas degradações são legitimados (ambientalmente).

Para tanto, o capítulo está organizado em duas seções principais. Na primeira, analisa-se o papel estratégico das florestas nos mecanismos de compensação de GEE, com ênfase no programa REDD+ (Redução de Emissões por Desmatamento e Degradação Florestal). Na segunda, examinam-se os impactos da transição energética e das inovações tecnológicas nos setores sucroalcooleiro e de papel e celulose, problematizando como essas transformações reconfiguram as dinâmicas produtivas no espaço agrário brasileiro.

Em relação à análise sobre o papel das florestas na compensação de GEE, discute-se como estas têm sido incorporadas às estratégias de valorização do capital, gerando desdobramentos em certas territorialidades cujas características centrais estão associadas à terra e à floresta. Para isso, o texto parte de um panorama sobre como a floresta passa a ganhar novos significados econômicos no interior das disputas geopolíticas do clima, transformando-a em um ativo financeiro considerado central para a compensação de emissões de GEE.

A análise parte da premissa de que o valor de uso dessas mercadorias está intrinsecamente ligado a uma visão específica sobre as mudanças climáticas,[105] que justifica a adoção de práticas de mitigação e compensação. No entanto, verifica-se que os resultados dessas iniciativas vão além da redução de emissões, abrindo espaço para a diversificação das fontes de lucro e a consequente penetração de capitais externos em territórios ainda não totalmente absorvidos pela lógica capitalista.

Na segunda parte, o foco recai sobre a agricultura científica globalizada, nos termos proposto por Santos (2000), e as inovações tecnológicas voltadas à transição energética, que se apresentam como oportunidades de inovação frente à concorrência. Dentro

[105] Para esta discussão, ver Cornetta (2022).

desse contexto, discute-se o papel do capital financeiro como um catalisador das mudanças que impactam setores do agronegócio, especialmente após a crise econômica no início da segunda década do século XXI.

Nota-se que surgem novos mecanismos financeiros no contexto das mudanças climáticas, cujas aplicações não apenas favorecem a expansão e a densificação de monoculturas (energéticas) no campo brasileiro, mas também geram novas formas de uso e controle territorial. A análise também aborda como certos atores do agronegócio, amparados pelo capital financeiro, têm participado da agenda política internacional sobre mudanças climáticas. Segundo o discurso oficial, essas interações evidenciam as oportunidades de se aplicar estratégias de vantagens competitivas que emergem no âmbito das mudanças climáticas.

Em suma, o capítulo busca compreender como as práticas e discursos construídos em torno das mudanças climáticas vêm redefinindo certos arranjos territoriais e econômicos. A partir de casos emblemáticos, o texto explora as contradições e os desafios desse contexto, questionando em que medida a economia de baixo carbono vem se desdobrando no campo brasileiro como mais uma camada do processo da acumulação capitalista.

A mercantilização da floresta e os acordos internacionais sobre mudanças climáticas

A mercantilização das florestas no contexto das mudanças climáticas, embora apresentada como uma solução para compensar emissões de GEE, tem suscitado debates e críticas relevantes. Desde os primeiros acordos internacionais nos anos 1990, passando pelos "Acordos de Marrakesh" na COP-7 (2001), que definiram as atividades permitidas nos Mecanismos de Desenvolvimento Limpo (MDL) do Protocolo de Kyoto (e que deixaram de fora a conservação de florestas nativas como medida válida), a lógica de mercado passou a influenciar significativamente o papel atribuído a esses ecossistemas.

A exclusão foi justificada por incertezas metodológicas e receios relacionados à soberania dos países com grandes extensões florestais. Contudo, foi na COP-13 (2007), em Bali, que o REDD+ se consolidou como um mecanismo central para integrar as florestas nas estratégias globais de mitigação, reforçando uma visão utilitarista que as transformam em ativos econômicos no enfrentamento às mudanças climáticas.

A despeito dos impasses relacionados ao funcionamento desses projetos, surgiram diversos mecanismos de financiamento e comercialização de créditos compensatórios de GEE originados do sequestro e dos estoques de carbono florestal. Esses mecanismos atuaram paralelamente às regras estabelecidas pelo Protocolo de Kyoto, mais especificamente por meio dos chamados mercados voluntários, que permitiram que empresas e indivíduos compensem suas emissões por meio da compra de créditos de carbono.

A proposta de "Redução Compensada do Desmatamento", apresentada na COP-9 (2003) por pesquisadores brasileiros, incluindo membros da ONG brasileira Ipam, destacou a necessidade de integrar a conservação florestal nas estratégias globais de mitigação climática. Essa proposta abriu caminho para o desenvolvimento do REDD, que foi consolidado na COP-13 (2007), com o "Mapa do Caminho de Bali", que estabeleceu quatro pilares principais: redução de emissões por desmatamento e degradação florestal, conservação das florestas, manejo sustentável e aumento dos estoques de carbono florestal.

Antecedendo em muitos aspectos o definido em Bali, o Brasil, na COP-12 em Nairobi, propôs a criação de um fundo voluntário, que culminou no lançamento do Fundo Amazônia em 2008. O objetivo inicial desse fundo era promover projetos voltados para a prevenção e redução do desmatamento, além de conservar a floresta Amazônica.

O processo de consolidação do mecanismo REDD+ para os países em desenvolvimento toma forma na COP-16, realizada em 2010 em Cancún. Os acordos estabelecidos durante a conferência definiram os conceitos e elementos necessários para o reconhecimento das atividades de REDD+. Posteriormente, na COP-19, o Marco de Varsóvia estabeleceu as diretrizes para pagamentos com base nos resultados dos projetos REDD+, exigindo níveis de referência para as emissões florestais e sistemas de monitoramento, relato e verificação (MRV), o que se revelou como a parte significativa que consome os recursos destinados a esses projetos.

Em junho de 2014, o Brasil apresentou seu nível de referência de emissões florestais à UNFCCC, utilizando dados históricos do monitoramento da Amazônia desde 2006. Um ano depois, o país lançou a Estratégia Nacional para REDD+ (ENREDD+), que tem como objetivo principal eliminar o desmatamento ilegal e promover uma economia florestal sustentável. Para alcançar essa meta, a ENREDD+ propõe três medidas fundamentais: aprimorar o monitoramento e a análise de impacto das políticas públicas, integrar as estruturas de gestão do Plano Nacional sobre Mudança do Clima e mobilizar recursos internacionais.

Ainda que a ENREDD+ busque a eliminação do desmatamento ilegal e a promoção de uma economia florestal sustentável, ela precisa lidar com desafios significativos, como a garantia dos direitos territoriais e a prevenção de conflitos sociais.

É importante registrar que, neste ínterim, na COP-11, realizada em 2005 em Montreal, países como Costa Rica e Papua Nova Guiné também anteciparam vários aspectos em relação às disputas em torno do carbono florestal, sobretudo em relação aos custos da preservação florestal que deveriam ser compartilhados com as nações ricas. Em grande medida, este tem sido o tom das discussões e embates entre os países do Norte e o Sul Global nas reuniões internacionais sobre o clima.

Emblemático neste sentido foi o "Acordo de Copenhague", negociado entre Estados Unidos, União Europeia e o grupo Basic (Brasil, África do Sul, Índia e China). Para além das críticas antes mencionadas, a COP-15 enfrentou forte oposição de diversos países do Sul Global, que criticaram a falta de ambição e equidade. Durante as reuniões, os países do G77 (com exceção dos membros do Basic) adotaram uma postura firme, rejeitando o acordo por considerá-lo insuficiente e desequilibrado. Os países africanos, por exemplo, retiraram-se temporariamente das negociações em protesto contra as nações desenvolvidas, acusadas de minar o

Protocolo de Kyoto e priorizar interesses próprios em detrimento das necessidades dos países mais vulneráveis.

A Aliança Bolivariana para as Américas (Alba) também expressou profundo descontentamento, destacando as disparidades políticas e econômicas entre as partes. O então presidente da Bolívia, Evo Morales, reforçou sua crítica ao sistema capitalista, argumentando, em carta enviada à XIV Conferência das Nações Unidas sobre Mudanças Climáticas, que "o aquecimento global é um 'efeito' do modelo de desenvolvimento capitalista. Se quisermos salvar a Terra e a humanidade, não temos alternativa senão acabar com o sistema capitalista [...], o capitalismo só quer salvar a metade da humanidade". Morales defendeu que a sobrevivência da Terra e da humanidade depende da superação desse sistema, que, em sua visão, privilegia apenas uma parcela da população global, marginalizando os países mais pobres (BBC, 2010).

No contexto das mudanças climáticas, os países do Sul Global têm buscado cumprir seus compromissos voluntários assumidos nas COPs por meio de iniciativas como a redução do desmatamento e da degradação florestal. A postura crítica desses países reflete não apenas a insatisfação com as políticas climáticas globais, mas também a demanda por um modelo de desenvolvimento justo, que reconheça as responsabilidades históricas dos países industrializados há mais tempo.

Embora sem a crítica assertiva do então presidente da Bolívia na COP-15, os países do Sul têm se articulado em torno de pautas comuns, especialmente no que se refere às florestas tropicais. Em 2022, durante a COP 27, realizada no Egito, líderes dos países com as maiores áreas destes ecossistemas iniciaram uma discussão com o objetivo de estabelecer uma aliança estratégica – informalmente denominada "Opep das Florestas" – voltada para a defesa de seus interesses relacionados aos mercados de carbono e aos mecanismos de compensação por serviços ambientais, além de ampliar a influência do Sul global nas negociações sobre clima e biodiversidade.

Esses países, situados principalmente nas regiões da Amazônia, da Bacia do Congo e do Sudeste Asiático, possuem juntos mais de 10 milhões de km² de floresta tropical, o que vem atraindo os interesses privados pelas mais variadas formas de mercantilização da floresta.[106] Por outro lado, como apontam diversos estudos sobre desmatamento e degradação florestal no mundo,[107] essas três regiões figuram, de forma sistemática, entre os maiores destruidores de florestas tropicais, fato que reforça a contradição intrínseca ao mercado de compensação de GEE.

A proposta da Opep das Florestas reflete a tentativa desses países de fortalecer sua posição nas negociações internacionais, mas também evidencia os desafios e as contradições inerentes à mercantilização das florestas no contexto das mudanças climáticas.[108]

Como veremos a seguir, estes processos têm gerado, em muitos casos, tensões e conflitos com populações originárias e camponesas, cujos direitos e modos de vida são frequentemente violados. Ademais, é preciso atentar para o risco de dependência destes mecanismos de financiamento para a conservação ambiental, ao mesmo tempo em que se apropria (e banaliza o significado) dos territórios com florestas.

---

106 O Brasil, que lidera o *ranking* com aproximadamente 4,9 milhões de km² de florestas tropicais concentradas principalmente na Amazônia, representa cerca de 60% do território nacional. Em segundo lugar está a República Democrática do Congo (RDC), com cerca de 1,5 milhão de km², abrigando a maior parte da Floresta da Bacia do Congo, a segunda maior floresta tropical do planeta. A Indonésia ocupa a terceira posição, com aproximadamente 900 mil km² de florestas tropicais, localizadas principalmente nas ilhas de Sumatra, Bornéu e Nova Guiné (FAO, 2020).

107 "A Indonésia perdeu, só neste século, mais de 25 milhões de hectares de florestas. A região da África subsaariana perdeu 18 milhões de hectares para agricultura. Só o Brasil destrói, todo mês, uma massa florestal próxima ao tamanho da cidade de São Paulo. Em 2021, as três nações somaram uma perda de 11,1 milhões de hectares de cobertura florestal" (Bocuhy, 2022, s/p). Para mais detalhes, ver Weisse (2024).

108 Para uma leitura sobre conflitos decorrentes da apropriação privada da floresta na Indonésia, envolvendo projetos de REDD+, ver Hein (2019); na República Democrática do Congo, ver Brown (2017).

Carbono florestal e disputas territoriais

A perspectiva de que estoques de carbono podem ser preservados em florestas por meio de mecanismos de mercado, como os REDD+, é frequentemente apresentada como uma solução para garantir a manutenção da floresta em pé. No entanto, diversos estudos vêm alertando sobre os riscos e contradições inerentes a essas iniciativas, que buscam monetizar os chamados "serviços florestais", colocando em xeque sua eficácia e impactos reais.

Questiona-se, por exemplo, se as atividades de REDD+ podem efetivamente cortar as emissões de GEE devido às brechas na sua concepção, como linhas de base exageradas e o risco de 'vazamento'. O relatório "Rainforest Roulette? Why creating a forest carbon offset market is a risky bet for REDD" [Roleta Florestal? Por que criar um mercado de créditos de carbono florestal é uma aposta arriscada para o REDD], da ONG The Rainforest Foundation, argumenta que o mercado de carbono florestal está distorcendo as atividades de REDD, uma vez que está mais focado na criação de um ativo negociável do que em resultados que sejam benéficos para as florestas, povos das florestas e biodiversidade.

Outros estudos, com uma postura mais crítica, vêm apontando que as atividades de REDD+ podem ferir direitos territoriais de populações tradicionais, e que estes fazem parte de um movimento de apropriação de recursos naturais e bens comuns dos países pobres (Furtado, 2024). Embora estas críticas estejam muito bem fundamentadas, e com fortes evidências empíricas sobre suas denúncias, é necessário um aprofundamento sobre essa questão, particularmente sobre a maneira pela qual os novos usos da floresta (com base em uma concepção específica sobre clima) se desdobram territorialmente, ao mesmo tempo em que se apresentam como novos componentes dentro das dinâmicas de acumulação do capital.

Sob uma perspectiva do Direito Ambiental, alguns autores têm destacado que os processos ecossistêmicos – ou mesmo a floresta em sua totalidade –, reconhecidos juridicamente como bens de uso comum do povo, estão sendo progressivamente integrados às dinâmicas de valorização econômica. Como aponta Packer (2015), esses bens passam a ser enquadrados na categoria de "bens jurídicos particulares", inseridos no âmbito do comércio e submetidos à lógica de apropriação privada. A autora explica que, ao se estabelecer juridicamente o conceito de "serviços ambientais", determinados processos biofísicos – como o sequestro de carbono – são selecionados e transformados em "bens econômicos autônomos". Esses bens, desvinculados da terra, da floresta e do ecossistema que os originam, adquirem uma "realidade jurídica própria", apta a circular no mercado (Packer, 2015, p. 95).

A criação de mecanismos como o "pagamento por serviços ambientais" consolida essa lógica, gerando contratos que viabilizam a inserção desses fenômenos naturais no circuito de transações monetárias. A autora ressalta que, nesse processo contratual, os chamados "serviços ambientais" assumem a forma de propriedade, consolidando uma apropriação privada de elementos que, originalmente, pertenciam ao domínio comum. Essa transformação, segundo Packer, representa uma mercantilização da natureza, na qual processos ecológicos essenciais são reduzidos a *commodities*, com implicações profundas para a justiça ambiental e a garantia dos direitos territoriais.

Estes aspectos se mostram presentes desde os primeiros projetos envolvendo florestas na compensação de emissões de GEE. No Brasil, dois projetos no campo da restauração florestal e do sequestro de carbono se destacam não apenas pelo pioneirismo, mas também pelas questões sobre a apropriação privada de áreas de floresta, envolvendo empresas estrangeiras. O Projeto Peugeot, iniciado em 1999, no município de Jurema, Mato Grosso, foi um dos primeiros a unir reflorestamento e financiamento privado no país. Financiado pela montadora francesa Peugeot e mediado pela Office National des Forêts (ONF), em parceria com a ONG brasileira Instituto Pró-Natura, o projeto buscou restaurar áreas degradadas e capturar carbono. No entanto, essa iniciativa já apontava para uma tendência preocupante no contexto das mudanças climáticas: a transformação de florestas em ativos ambientais controlados por empresas privadas. No mesmo período, o

"Projeto Ação Contra o Aquecimento Global" (Acag), localizado nos municípios de Antonina e Guaraqueçaba, litoral do Paraná, é outro marco nesse contexto. Financiado por grandes empresas estadunidenses, como American Electric Power (AEP), General Motors (GM) e Chevron Texaco, o projeto foi implementado em parceria entre as ONGs The Nature Conservancy (TNC) e Sociedade de Pesquisa em Vida Selvagem e Educação Ambiental (SPVS). A iniciativa adquiriu três fazendas de criação de búfalos para promover o reflorestamento e a regeneração da Mata Atlântica, além da compensação das emissões das referidas empresas.

Além destes aspectos, a implantação do projeto acentuou uma série de conflitos por terra que marcam a história recente no interior da Área de Proteção Ambiental (APA) de Guaraqueçaba, onde estão situadas as áreas do projeto. Esses conflitos remontam às décadas de 1960 e 1970, quando criadores de búfalos começaram a adquirir terras na região, expulsando camponeses que lá viviam há gerações. Com a chegada desses fazendeiros, muitos posseiros, sem alternativas, passaram a trabalhar como mão de obra assalariada na bubalinocultura. Além dos impactos sociais, como a perda de terras e meios de subsistência, a atividade causou danos ambientais, como desmatamento, compactação do solo e assoreamento de cursos d'água.

As terras que antes pertenciam aos criadores de búfalos foram posteriormente adquiridas para a realização do projeto Acag, inclusive as apropriadas indevidamente. No entanto, essa transição não resolveu os conflitos históricos; ao contrário, os intensificou. As restrições ao uso dos recursos naturais impostas pelos projetos de conservação limitam ainda mais o acesso da população local à terra e aos meios de sobrevivência.

Os protestos que surgiram durante a implantação do projeto, liderados por camponeses diretamente afetados, refletem a tensão entre apropriação e privatização da natureza. Se antes a população local sofria com a perda de terras para a bubalinocultura, após a implantação do projeto, enfrenta a privatização das florestas e a mercantilização da natureza, adicionando uma nova camada de conflitos à história da região.

Camponeses representados pelo MST, hoje no assentamento José Lutzenberger (Zem, 2022), em Antonina, entre outros que se manifestaram de maneira independente, resistiram a todas estas transformações nestas duas primeiras décadas do século XXI, da maneira que lhes é habitual – lutando pela terra, conservando a floresta e produzindo alimentos agroecologicamente. Uma demonstração de que é possível trilhar um caminho para a conservação das florestas distinto daqueles que se impõem pelo modelo hegemônico, baseados nas soluções tecno-científicas e nos mecanismos de mercado de compensação financeirizados.

Embora a concentração da propriedade da terra continue no centro da questão agrária no Brasil, outros fenômenos passam a exercer forte influência no que se refere à apropriação privada da natureza, como a privatização e a mercantilização das florestas e de seus processos biofísicos, de códigos genéticos, além da apropriação de saberes, cujos resultados imediatos relevam-se em processos de acumulação por despossessão.

Estes aspectos se tornam ainda mais evidentes quando se observa a maneira como os projetos de REDD+ foram instalados em territórios amazônicos. Um dos casos mais emblemáticos, de grande repercussão na imprensa, foi o projeto pretendido pela empresa irlandesa Celestial Green, no estado do Pará.

O caso ganhou projeção (Aranha; Mota; Viana, 2012; Salomão, 2012; Carvalho, 2012) após ser citado em um requerimento de informações ao Ministério da Justiça, encaminhado pelo deputado federal Zé Geraldo (PT), solicitando a averiguação de contratos firmados entre comunidades indígenas e empresas estrangeiras no âmbito do mercado voluntário de carbono. Dentre as averiguações solicitadas estão: "o valor de cada contrato; prazos, as especificações sobre os repasses de valores ou serviços pelas empresas; sobre as contrapartidas das comunidades indígenas; e 'direitos' de acesso às reservas concedidos às empresas" (Diário da Câmara dos Deputados, 2012).

O contrato firmado entre a empresa Celestial Green Ventures e a Associação Indígena Pusuru – registrado no cartório do município de Jacareaganga, sul do Pará, em agosto de 2015 – previa uma série de condicionantes ao uso do território em questão. Dentre eles, o escandaloso parágrafo que pressupõe a privação do uso dos recursos pelos indígenas dentro de uma área de mais de 2 milhões de hectares.[109]

Depois da grande projeção que o caso ganhou com uma reportagem do jornal *O Estado de São Paulo* mostrando as irregularidades do contrato, a Funai e a Advocacia-Geral da União (AGU) se posicionaram pela ilegalidade deste acordo, "uma vez que as terras habitadas pelos índios pertencem à União e não podem ser negociadas deliberadamente".[110]

Além desse contrato com os Munduruku, a Celestial Green detém outros acordos firmados no Brasil, que dão o direito à empresa de exploração de créditos compensatórios de carbono em uma área somada de aproximadamente de 18 milhões de hectares. Esses contratos – acordados entre a empresa, municípios (Mota; Viana, 2012), associações indígenas e proprietários privados[111] – preveem a geração de créditos de carbono por meio de projetos de REDD+ no âmbito do Voluntary Carbon Standard (VCS).[112]

Em junho de 2011, a Celestial Green negociou antecipadamente créditos de carbono com a Industry Re, empresa com base em Londres especializada em negociar créditos de carbono. De acordo

---

109 O conteúdo do "Contrato n. 473531-11-PV01", firmado entre a Celestial Green e Associação Indígena Pusuru, pode ser acessado pela referida matéria da agência de reportagem A *Pública* (Aranha, Mota e Viana, 2012).

110 Trecho de depoimento da assessoria de imprensa da AGU à referida reportagem do *G1 Natureza* (Carvalho, 2012).

111 Entre as diferentes áreas em que a empresa irlandesa tem contrato assinado, três fazendas de Falb Farias chamam a atenção; o fazendeiro é apontado como um dos maiores "grileiros" do país pela Comissão Parlamentar destinada a investigar a ocupação de terras públicas na Amazônia. De acordo com o Relatório da CPI, a soma das áreas de Falb Farias chega a aproximadamente 13 milhões de hectares – uma área equivalente à soma dos territórios da Suíça e Portugal. Sobre o histórico de Falb Farias, ver "Relatório da Comissão Parlamentar de Inquérito destinada a investigar a ocupação de terras públicas na região amazônica", (2001, p. 132-142).

112 Para mais detalhes sobre as áreas exploradas pela Celestial Green, ver IndustryRE, s.d.

com a empresa, trata-se de um milhão de créditos de carbono provenientes de projetos de REDD+, adquiridos das atividades da Celestial Green na Amazônia brasileira. Em novembro de 2015, a Industry Re foi denunciada, ao lado de mais sete empresas interligadas, envolvidas em um esquema de fraudes em investimentos em créditos de carbono. Após investigação feita pelo Insolvency Service, estas empresas tiveram a falência decretada pelo Supremo Tribunal do Reino Unido.[113]

Ainda no estado do Pará, chama a atenção o projeto de REDD+ desenvolvido pela empresa Ecomapuá, no município de Breves, ilha do Marajó. O projeto, validado em 2013, é desenvolvido em uma área de 92 mil hectares, que se sobrepõe a uma porção significativa da área demarcada da Resex do Mapuá. Além desta sobreposição, soma-se a área de várzea enquanto dominialidade da União, contando, inclusive, com um reconhecimento amplo enquanto tal, a partir da distribuição de Termos de Autorização de Uso da Secretaria do Patrimônio da União (SPU), para grande parte das famílias que habitam as margens do Mapuá e de seus rios tributários.[114]

Outro caso que vem chamando a atenção no Pará são os quatro projetos de REDD+, (REDD RMDLT Portel-Pará, Pacajai REDD+ Project, Rio Anapu-Pacajá REDD, Ribeirinho REDD+), localizados no município de Portel, que juntos somam uma área de 714 mil hectares, o que corresponde a 28% do município. De maneira semelhante ao que acontece em Breves, esses projetos sobrepõem-se a Projetos Estaduais de Assentamento Agroextrativistas, territórios conquistados por comunidades após longas lutas contra madeireiros e o agronegócio. O estudo "Neocolonialismo na Amazônia: Projetos REDD em Portel, Brasil", realizado pelo Movimento Mundial pelas Florestas Tropicais (WRM), mostra que a chegada dos projetos REDD tem gerado conflitos, ameaçando a

113 Para mais detalhes sobre esse caso, ver: "8 companies involved in multi million pound international carbon credit and wine investment scam ordered to close" (2015).

114 Para mais detalhes sobre este caso, ver Cornetta (2016).

autonomia dessas populações sobre suas terras, repetindo padrões de exploração semelhantes aos de setores como a indústria madeireira, com presença histórica na região[115] (WRM, 2022).

A Defensoria Pública do Pará ajuizou uma ação civil pública contra três empresas, uma entidade privada e o município de Portel, acusados de envolvimento com os projetos que se sobrepõem a cinco assentamentos agroextrativistas estaduais. A ação, protocolada em 19 de julho de 2023 na Vara Agrária de Castanhal, alega que o projeto não foi autorizado pelo governo do estado, tampouco houve a consulta às comunidades agroextrativistas. A Defensoria entende que a iniciativa configura uma espécie de grilagem de terras públicas, uma vez que há um processo de apropriação ilegal de áreas destinadas a comunidades tradicionais (Antunes, 2023).

Ainda no que se refere a territórios que tiveram seu histórico de conflitos acentuados pela presença de projetos de carbono florestal, é imprescindível falar sobre o que ocorre no Vale do Jari, estado do Amapá, onde está localizado o emblemático Projeto Jari, implantado no final dos anos 1960 pelo empresário estadunidense Daniel Keith Ludwig.[116]

O "Jari/Amapá REDD+ Project" é resultado de uma parceria entre a Biofílica Investimentos Ambientais e o Grupo Orsa, cujo objetivo é desenvolver "um modelo de negócios pautado em conceitos de sustentabilidade ambiental e com uma proposta de exploração econômica que valorize a 'floresta em pé' e contribua com a conservação da região" (Biofílica, 2013).

---

115 Para a leitura completa deste estudo, ver Movimento Mundial pelas Florestas Tropicais (2022).

116 A história da implantação do megaprojeto Jari na divisa dos estados do Amapá com o Pará foi amplamente descrita e denunciada, com seus inúmeros casos de apropriação de terras públicas, envolvendo, inclusive, o chamado "escândalo sobre a venda de terras a estrangeiros", apurado por uma CPI na Câmara dos Deputados Federal, a constatação de trabalhos análogos a escravidão, apropriação ilícita de recursos minerais e inúmeros impactos ambientais. Dentre os autores pioneiros que se detiveram em escrever sobre esse episódio estão: Sautchuk; Carvalho; Gusmão (1979); Pinto (1986).

Vale mencionar que o controle da antiga Jari Florestal se encerra no ano de 1999, sem conseguir sanar as dívidas contraídas pela administração de Ludwig. O projeto foi adquirido por acionistas de São Paulo, sob a direção do Grupo Orsa, que assumiu o complexo com o compromisso de sanar não apenas as antigas dívidas, mas também os passivos ambientais e os inúmeros conflitos sociais herdados das gestões anteriores.

Contudo, o grupo que reformulou o antigo projeto Jari passou a desenvolver atividades como o manejo florestal certificado, exploração de recursos florestais não madeireiros, como castanhas e açaí, e criou a Fundação Jari, voltada especialmente a projetos sociais, além de desenvolver o referido projeto de REDD+. Conforme Marcovitch *et al.* (2013, p. 8) afirmam, atualmente, "o Jari da Orsa é uma localidade com passivo ambiental zero".

Entretanto, ao contrário do que aponta o estudo "Pioneirismo e Sustentabilidade na Amazônia",[117] coordenado pelo economista Jacques Marcovitch, o Vale do Jari continua sendo uma área de intensos conflitos sociais, que marcam a sua história desde o período de implantação do grande projeto.

No início de 2015, um grupo de extrativistas do Repartimento dos Pilões, comunidades do distrito de Monte Dourado, município de Almerim, uniu-se para impedir que trabalhadores de uma subsidiária do Grupo Jari continuassem cortando madeira de lei de seus territórios, habitados há mais de um século por suas

---

117 Além do dissenso sobre o Projeto Jari, mencionado no referido estudo coordenado pelo professor Marcovitch, ex-reitor da Universidade de São Paulo, o texto segue com inúmeros desatinos e afirma que "a Companhia Vale do Rio Doce, segunda maior mineradora do mundo, aplica uma engenharia de exploração menos danosa ao ambiente. Respeitáveis organizações não governamentais, como a Amigos da Terra, reconhecem publicamente que a Vale costuma ter um cuidado maior no modo como explora minério, se comparada a outras empresas do setor. Apesar de ser uma das responsáveis pelo maior desastre ambiental da história do Brasil, causado pelo rompimento da barragem da subsidiária Samarco, no município de Mariana, Minas Gerais, a Vale mantém uma postura de empresa comprometida com o meio ambiente, tendo "a sustentabilidade como um dos seus pilares" (Marcovitch, 2013, p. 3).

famílias (Almeida, 2015). Em decorrência desse fato, além de outras denúncias como o comércio ilegal de créditos florestais, a Jari Florestal teve suspensos tanto os seus certificados de manejo florestal emitidos pela Forest Stewardship Council (FSC) como os de cadeia de custódia, emitidos pela certificadora SCS Global Services em 4 de dezembro de 2015 (Almeida, 2015).

Em 2017, o Ministério Público solicitou que a fábrica de celulose da Jari elaborasse um diagnóstico da saúde da população do município de Vitória do Jari. Instalada há 40 anos no Vale do Jari, as emissões constantes de poluentes atmosféricos do empreendimento são apontadas como causadora de doenças respiratórias e poluição na cidade (G1, 2018).

Em contrapartida, a empresa tem divulgado amplamente o projeto REDD+ Jari como um exemplo de sustentabilidade e afirma estar "promovendo o bem-estar das comunidades, tornando-as mantenedoras dos recursos florestais", segundo o material informativo da Biofílica, empresa proponente do projeto. Tal divulgação se amplifica com o prêmio "The Best Project Developer, Forest and Land use" oferecido pela Environmental Finance (Environment Finance, 2020), importante veículo de comunicação sobre mercados de ativos ambientais.

Um ano antes do recebimento deste prêmio, o sistema de certificação florestal FSC (Forest Stewardship Council), em uma decisão inédita no Brasil, desassociou a Jari Celulose (Oeco, 2019a) após uma investigação sobre extração ilegal de madeira e violação dos direitos de comunidades extrativistas no Pará e no Amapá. Soma-se a isso a fraude em apresentar informações falsas ao Sistema Florestal de Controle de Produtos do Brasil (Sisflora), levando ao "comércio virtual" de 5.070.653 m³ de créditos florestais indevidos, relacionados às fazendas Esmeralda e Sol Nascente (Oeco, 2019b).

Nota-se que, apesar dos inúmeros esforços dentro da perspectiva do desenvolvimento sustentável, ou da atual chamada economia verde, de "equacionar" as questões ambientais e econômicas – seja pela via do poder público, seja pela de empresas privadas, mas principalmente por meio da ação conjunta destes –, a lógica capitalista e o decorrente desenvolvimento geográfico desigual seguem se reproduzindo nos territórios amazônicos.

O Acre, estado que se destaca pela sua posição de vanguarda no que se refere às políticas ambientais e para mudanças climáticas, também apresenta casos representativos no que se refere a conflitos envolvendo projetos de REDD+. Um importante estudo produzido pela Plataforma Dhesca,[118] "Economia verde, povos das florestas e territórios: violações de direitos no estado do Acre", expõe alguns dos desdobramentos da política ambiental do Acre e dos projetos de REDD+. O relatório destaca duas principais violações: 1) o direito à terra e ao território; e 2) os direitos das populações tradicionais, ambos afetados pela economia verde no estado (Faustino; Furtado, 2015, p. 25).

Projetos como REDD+ "Purus" e "Russas/Valparaíso" são alvos de críticas, incluindo falta de transparência, restrições ao uso da terra, insegurança sobre o futuro, suspeitas de condicionar a regularização fundiária à aprovação dos projetos, ameaças de expulsão e criminalização de atividades tradicionais (Faustino; Furtado, 2015, p. 19). O projeto Purus, um dos primeiros REDD+ no Brasil, abrange 34.702 hectares nos seringais Itatinga e Porto Central (Manoel Urbano e Sena Madureira), liderado por empresas como CarbonCo.[119] e validado por padrões internacionais como VCS e CCBA. Já o projeto Russas/Valparaíso, em Cruzeiro do Sul,

118 "A Plataforma de Direitos Humanos – Dhesca Brasil – é uma rede formada por 40 organizações da sociedade civil, que desenvolve ações de promoção e defesa dos direitos humanos, bem como de reparação de violações de direitos". Para mais informações, acessar: http://www.plataformadh.org.br/. Acesso em: 30 jan. 2025.

119 A CarbonCo. é uma empresa voltada para a elaboração de projetos de geração de créditos de carbono, especialmente projetos envolvendo sequestro florestal de carbono: "CarbonCo, LLC, auxilia proprietários de terras, povos indígenas, governos locais e outras partes interessadas para proteger a Floresta Amazônica, habitats sensíveis e espécies ameaçadas, criando oportunidades de financiamento de carbono" (tradução nossa). Disponível em: http://carboncollc.com/. Acesso em: 1 abr. 2025.

ocupa 64 mil hectares e é financiado por CarbonCo LLC e Carbon Securities, também certificado pela VCS e CCBA.

Uma reação a estes projetos surge em 2011, com a "Carta do Acre", produzida por movimentos sociais que criticam o modelo de desenvolvimento adotado, apresentado como um "exemplo exitoso" de harmonia entre economia e conservação, mas que encobre uma série de conflitos. O Acre, embora pioneiro em políticas ambientais, revela uma das faces mais tensas entre a economia verde e a reprodução do capital na Amazônia. Os grupos que redigiram a Carta consideram este evento como um momento de tomada de consciência do que estava se passando no estado desde 1999, com o governo eleito da Frente Popular do Acre. De acordo com seu texto, o modelo vigente no estado:

> É celebrado como primor de harmonia entre desenvolvimento econômico e conservação da floresta, de seus bens naturais e do modo de vida de seus habitantes. Com forte apoio dos meios de comunicação, de sindicatos, de ONGs promotoras do capitalismo verde na região amazônica, de bancos multilaterais, de oligarquias locais, de organizações internacionais, ele é apresentado como 'modelo exitoso' a ser seguido por outras regiões do Brasil e do mundo.[120]

Nesse sentido, pode-se dizer que o Acre, estado que está na vanguarda das políticas ambientais e da "economia verde", possui tal posição, não só por apresentar programas inovadores e pioneiros sobre o tema, mas, ao mesmo tempo, por revelar as inúmeras contradições que surgem no bojo deste processo.

A desarticulação da coesão social e a cooptação de lideranças também vem sendo outra marca em projetos de REDD+, especialmente os desenvolvidos no interior de Terras Indígenas, a exemplo do que aconteceu no estado de Rondônia, na Reserva Indígena Roosevelt, território cobiçado pelas jazidas de diamante azul. Este território foi palco de um polêmico projeto de compensação florestal de carbono, envolvendo a empresa Verified Carbon Services

---

120 Para a leitura completa da Carta do Acre, acessar: https://terradedireitos.org.br/wp-content/uploads/2011/10/Carta-do-Acre.pdf. Acesso em: 30 jan. 2025.

e a associação representativa dos Cinta-Larga. Na ocasião, duas caminhonetes foram "presenteadas" por parte da empresa para que a associação firmasse o contrato de venda de créditos de carbono, provenientes da referida reserva.

Para a Funai, o caso apresenta-se ilegal por privar os indígenas de suas práticas tradicionais de uso da terra e da floresta, como a plantação de roças e o corte de árvores sem a prévia autorização da empresa, a exemplo do que ocorreu com os munduruku. Diante de tais fragilidades, o Ministério Público Federal[121] recomendou que a Funai assessorasse os Cinta Larga nas negociações com a Verified Carbon Services.

O estado ainda abriga o comentado "Projeto de Carbono Florestal Suruí", uma das primeiras e mais conhecidas iniciativas de REDD+ em Terras Indígenas. O projeto foi desenvolvido pelo Instituto de Desenvolvimento Sustentável da Amazônia (Idesam) em parceria com a Equipe de Conservação da Amazônia (Ecam). Validado no mercado voluntário de carbono desde março de 2012, o projeto busca reduzir o desmatamento e promover a conservação florestal na Terra Indígena Sete de Setembro, habitada pelo povo

121 "Recomendação é um documento enviado a órgãos públicos para que cumpram determinados dispositivos constitucionais ou legais. É uma das formas de atuação extrajudicial do Ministério Público. Nessa recomendação do MPF, a Funai deverá designar uma equipe técnica para prestar assessoria antropológica, jurídica, econômica e de qualquer outra ordem que se fizer necessária aos índios Cinta Larga durante todo o processo de pactuação e desenvolvimento do projeto. Esta equipe fará também a análise do contrato a ser firmado entre os índios e a empresa Viridor Carbon Services, de forma que a efetiva contratação seja agilizada. O MPF fixou prazo de 15 dias, a contar do recebimento da recomendação, para que a Funai preste informações sobre as medidas adotadas. O MPF argumenta na recomendação que o povo indígena Cinta Larga tem sofrido a desenfreada exploração de recursos naturais de suas terras e que o efetivo fim destas práticas depende de os índios serem atendidos, ao menos, em suas necessidades mais elementares. Buscando alternativas para sua sobrevivência, os Cinta Larga estão em negociação para contratação da empresa Viridor Carbon Services para comercialização de crédito de carbono". Ver MPF. Rondônia. MPF recomenda à Funai que assessore índios Cinta Larga (Jusbrasil, 2010).

Paiter Suruí. A iniciativa utiliza tecnologias como a plataforma Google Earth Engine para monitorar estoques de carbono e coberturas florestais, além de seguir princípios como o consentimento livre, prévio e informado (Soares, 2013).

No entanto, o projeto enfrenta controvérsias internas e externas, resultado direto das desarticulações que o projeto impulsionou. Em 2014, o cacique Henrique Suruí denunciou a falta de consulta prévia adequada, falsas promessas de benefícios financeiros e melhorias de vida, além de divisões internas causadas pelo projeto (Faustino; Furtado, 2014). Ele criticou a complexidade do REDD+, que muitos suruís não compreendiam, e a frustração com os resultados esperados. A Associação Metareilá, responsável pela gestão do projeto, rebateu as acusações, afirmando que as divergências são tratadas internamente e que o projeto visa melhorar a qualidade de vida do povo suruí a longo prazo, em bases sustentáveis.[122]

As críticas ao projeto também foram formalizadas em um documento encaminhado ao Ministério Público Federal por lideranças suruís, que pediram a extinção do projeto e a elaboração de alternativas que garantam autonomia e desenvolvimento sustentável sem depredação dos recursos naturais. A Metareilá, por sua vez, reiterou que o projeto é um processo gradual e que os benefícios serão alcançados no médio e longo prazo. O Conselho Indigenista Missionário (Cimi) teve um papel crucial na controvérsia sobre o "Projeto de Carbono Florestal Suruí". A Associação Metareilá, responsável pela gestão do projeto, rebateu as críticas, alegando que os conflitos eram resolvidos internamente e acusando o Cimi de difamação. Em resposta, o Cimi publicou um documento-denúncia de lideranças Suruí contra o REDD+ e o plano de gestão de cinquenta anos, reiterando a falta de benefícios

122 Para leitura completa da resposta, acessar: www.gta.org.br/newspost/respostas-da-associacao-metareila-a-nota-de-esclarecimento-divulgada-pelo-conselho-indigenista-missionario-you-are-here-homepaiter-em-imprensa/. Acesso em: 16 jan. 2025.

e a divisão entre o povo.[123] O mesmo tom de denúncia em relação à gestão do projeto aparece neste texto, com destaque para a perda de autonomia e a divisão do povo. Por fim, o documento é assinado por diversas lideranças, caciques, coordenadores de associações, membros do Parlamento Suruí, que pedem a extinção do Projeto de Carbono Paiter Suruí e "que as associações possam elaborar e executar projetos que garantam uma autonomia de verdade para as comunidades, com desenvolvimento sustentável e geração de renda sem depredação dos recursos naturais".[124]

Mais do que esclarecimentos e denúncias, a controvérsia revela as fragilidades do consenso sobre as medidas tomadas em relação às mudanças climáticas, não apenas as discordâncias que ocorrem na escala detalhada, entre lideranças, por exemplo, mas os embates políticos, ideológicos que surgem a partir da ressignificação das florestas dentro do regime político das mudanças do clima. Entre as diversas entidades de representação dos povos indígenas no Brasil, o REDD+ também não é um consenso. Ao contrário, as divergências são das mais variadas e com um grau de complexidade que não se reduz a um debate polarizado entre os que defendem os novos significados da floresta como algo positivo para o planeta e que garante a melhoria de vida de comunidades que vivem dos recursos florestais – discurso aparentemente alinhado entre ONGs, empresas, governos, determinados movimentos sociais etc. – e os que denunciam o REDD+ como mais uma atividade agressora às diversas territorialidades, comprometendo a autonomia de grupos sociais que têm suas territorialidades associadas à floresta.

Em síntese, é possível dizer que muitos dos casos aqui apresentados se inserem em uma dinâmica semelhante ao que Haesbaert (2004) entende como uma "reclusão territorial", isto é, uma "reclusão que, como todo processo de des-territorialização

123 Trecho da "Nota de Repúdio Paiter-Suruí". Disponível em: www.facebook.com/permalink.php?story_fbid=805650779500349&id=247705588628207. Acesso em: 16 jan. 2025.

124 Ver Nota de Esclarecimento, Associação Kaban ey, s.d.

(sempre dialetizada), dentro da lógica capitalista dominante, envolve, muito mais do que o controle territorial e a comodidade social de uma minoria, mas a falta de controle e a precarização sócio-espacial da maioria" (Haesbaert, 2004, p. 36). Trata-se, como argumenta o autor, de um processo mais frequente no capitalismo contemporâneo do que a exclusão efetiva, uma vez que esta última representa um limite extremo de ruptura com o território, enquanto a reclusão consolida-se como uma norma de controle sob a lógica capitalista.

A agricultura científica globalizada e as políticas climáticas

As políticas voltadas para a agricultura científica globalizada, especialmente no âmbito das grandes empresas do agronegócio, têm ganhado destaque nos últimos anos ao incorporarem uma agenda ambiental específica, principalmente no que se refere às inovações tecnológicas e financeiras desenvolvidas no contexto das mudanças climáticas. No entanto, é preciso ter clareza de que essa perspectiva, apesar das oportunidades de negócios envolvidas, não abrange o agronegócio de forma ampla e irrestrita. Ao contrário, ela é absorvida principalmente por empresas que investem em inovações tecnológicas e buscam a manutenção – ou colocação – de seus produtos em mercados específicos.[125]

Ao lado das políticas destinadas à expansão e ao adensamento do setor agropecuário, a orientação dada por esta agenda política de tom ambiental volta a chamar a atenção após cinco anos de obscurantismo no Brasil,[126] sobretudo pela evidência do discurso conciliatório entre "desenvolvimento econômico" e a "preservação dos recursos naturais".

Dentre estas políticas, se destaca como a principal estratégia do governo brasileiro o Plano de Agricultura de Baixo Carbono (ABC 2010-2020) e sua versão atualizada, o Plano ABC+ (2020-2030).

---

125 Ver capítulo 3 sobre a política de taxação de emissões de carbono adotadas pela União Europeia.

126 Para uma leitura mais aprofundada sobre as relações entre políticas climáticas e o agronegócio durante o governo Bolsonaro, ver Marques, 2022.

Sinteticamente, o plano busca expandir o uso de tecnologias de baixa emissão em 72,68 milhões de hectares, incorporando práticas como a recuperação de pastagens degradadas, a expansão da Integração Lavoura-Pecuária-Floresta (ILPF) e o Sistema de Plantio Direto. Além disso, inclui a Fixação Biológica de Nitrogênio, o aumento de florestas plantadas e o tratamento de dejetos animais, visando a conversão de resíduos em energia e biofertilizantes.[127]

Embora esta iniciativa tenha sido lançada em 2010, ela passa a ter maior visibilidade apenas dois anos depois, ao integrar as estratégias do governo federal para alcançar as metas de redução de emissões assumidas durante a COP-15, como discutido no capítulo anterior. De acordo com o discurso assumido naquele momento pelo Ministério da Agricultura, Pecuária e Abastecimento, o Plano ABC representa uma iniciativa estratégica para alinhar o desenvolvimento agrícola com práticas sustentáveis e de menor impacto ambiental. Trata-se de uma política pública voltada a "ações de mitigação e adaptação às mudanças do clima para o setor agropecuário, e aponta de que forma o Brasil pretende cumprir os compromissos assumidos de redução de emissão de gases de efeito estufa neste setor" (Mapa, 2012, p. 13).

Alinhados com esta perspectiva, entidades representativas do agronegócio[128] anunciaram em setembro de 2009, poucos meses antes da COP-15, a formação da "Aliança Brasileira pelo Clima", com o objetivo de contribuir com as negociações ligadas à Convenção-Quadro sobre Mudanças Climáticas (Abiove, s.d.).

Desde aquele momento, representantes de diversos setores da agricultura científica globalizada têm participado ativamente de fóruns internacionais, buscando alinhar suas práticas produtivas

---

127 Para detalhes sobre os resultados do Plano ABC (2010-20), ver Mapa (2023a). Para as metas do Plano ABC+ (2020-30), ver: Mapa (2023b).

128 Dentre algumas entidades que participam da Aliança Brasileira pelo Clima estão a Associação Brasileira de Agribusiness (Abag); a Associação Brasileira Técnica de Celulose e Papel (ABTCP); a Associação Brasileira de Celulose e Papel (Bracelpa); e a União da Indústria de Cana-de-Açúcar (Unica).

com as oportunidades emergentes neste contexto. O foco tem sido a adoção de práticas que integrem a agricultura intensiva com a gestão do carbono, especialmente no que se refere ao uso de fontes de energia renováveis.

Durante a COP-21, representantes de diversos segmentos do agronegócio participaram do Global Landscapes Forum, evento que discutiu questões sobre o uso da terra no contexto das mudanças climáticas, destacando a integração entre produção agrícola e conservação ambiental. No mesmo contexto, a Sociedade Rural Brasileira (SRB) promoveu o debate Sustainable Land Use in Brazil,[129] com a intenção de passar uma imagem do Brasil como um modelo de "agropecuária sustentável", alinhando produtividade e preservação ambiental. Gustavo Diniz Junqueira, então presidente da SRB, destacou que o país "vem desenvolvendo mecanismos de valorização da produção em harmonia com a floresta preservada, estabelecendo diretrizes para uma economia competitiva e alicerçada em baixa emissão de carbono". Ele também enfatizou que "o avanço nas discussões sobre as metas climáticas e o uso sustentável da terra não pode ser dissociado das negociações comerciais", reforçando a necessidade de alinhar agendas ambientais e econômicas.

Outra entidade que tem se destacado como uma das principais vozes do setor na pauta ambiental é a Confederação da Agricultura e Pecuária do Brasil (CNA). A organização tem desempenhado um papel importante nos diálogos sobre sustentabilidade, posicionando-se como referência nas discussões sobre a questão climática na perspectiva do agronegócio.

---

129 Ainda neste evento paralelo, a Associação Brasileira do Agronegócio (Abag), ao lado da Sociedade Rural Brasileira (SRB) e do Grupo de Trabalho da Pecuária Sustentável (GTPS), tendo como parceira a Coalizão Brasil Clima, Florestas e Agricultura, organizaram um estande no Pavilhão Finanças e Comércio (Finance & Trade) do Global Landscapes Forum. O estande teve como intuito divulgar as ações que o agronegócio brasileiro acredita promover para atenuar os impactos das mudanças climáticas globais, além de servir para atração de investidores internacionais.

No evento "Pré-COP 29 – De Baku a Belém", especialistas, políticos, embaixadores e representantes de federações estaduais de agricultura reuniram-se na sede da CNA, em Brasília, para discutir o posicionamento do setor agropecuário diante da questão climática. O evento apresentou o documento da CNA, que delineia as propostas e estratégias do setor para a COP-29, destacando a função do "agronegócio na mitigação e adaptação às mudanças climáticas, além de sua contribuição para o desenvolvimento econômico e a segurança alimentar, energética e climática" (CNA, 2024)[130] Para o presidente da CNA, João Martins, "além de principal afetado pelos eventos extremos, o agro é parte da solução para os desafios climáticos. Oferecemos não apenas mitigação e adaptação, mas também contribuímos para o desenvolvimento econômico, a segurança alimentar, energética e climática" (CNA, 2024).

Embora as principais entidades representativas do agronegócio assumam esse posicionamento nos debates sobre mudanças climáticas, destacando os aspectos inovadores envolvidos nesse contexto, uma parcela significativa do setor – se não a maior parte – tem se posicionado de maneira contrária às políticas climáticas, especialmente no que diz respeito à compensação de emissões. Não por acaso, o setor ficou de fora, no primeiro momento, das regulamentações previstas pelo mercado de carbono brasileiro, conforme visto no capítulo anterior.

Nota-se que a participação do agronegócio nas COPs tem revelado um aparente paradoxo para o setor: ao mesmo tempo em que se coloca como parte da solução para as mudanças climáticas, sua prática continua sendo uma das mais nocivas para o ambiente, inclusive em termos de emissões de GEE.

Outro aspecto que chama a atenção é a presença frequente de lobistas do agronegócio nas COPs e como parte da delegação oficial brasileira (Freitas, 2024). A atuação destes agentes tem sido voltada, em grande medida, para minimizar restrições ambientais, diluir metas de redução de emissões e garantir que o setor con-

---

130 O documento completo pode ser lido em CNA, 2024.

tinue operando sob um modelo de alto impacto socioambiental, ao mesmo tempo em que se aproveita das inovações que surgem neste contexto.

Assim, o agronegócio tem transformado as mudanças climáticas em uma oportunidade de diversificar os negócios, mais do que uma suposta transição para uma economia sustentável, como os entusiastas do setor costumam anunciar. A criação de mercados de carbono, a promoção de inovações tecnologias e a adoção de narrativas de uma "agricultura sustentável" são algumas das estratégias que vem sendo utilizadas pelas grandes empresas, no sentido de ampliar influências políticas e centralizar capitais. No entanto, apesar do discurso, a norma continua sendo um modelo de agricultura que se reproduz com base na concentração de terras e capitais, e que avança mediante o desmatamento e os inúmeros efeitos nocivos ao ambiente.

Como destacado, o Brasil está entre os países que mais desmatam no mundo, tendo as atividades do agronegócio atuando como principal vetor da destruição de biomas críticos, como a Amazônia[131] e o Cerrado.[132] Além destes aspectos mais diretos em relação à questão ambiental, é preciso enfatizar que a expansão e a densificação deste modelo de uso e ocupação do solo tem levado à expulsão dos distintos grupos sociais situados no campo brasileiro por meio de práticas de expropriação diversificadas.[133]

---

131 A agropecuária na Amazônia cresceu 417% em 39 anos. A área agrícola aumentou 4.647%, passando de 154 mil ha (1985) para 7,3 milhões ha (2023). 97% da área agrícola é de lavouras temporárias, com soja representando 80,5% (5,9 milhões de ha em 2023). Cana-de-açúcar cresceu de 192 ha (1985) para 90 mil ha (2023). Silvicultura expandiu de 3,2 mil ha (1985) para 360 mil ha (2023). Ver MAPbiomas (2024).

132 Em 2023, pela primeira vez, o Cerrado passou a Amazônia, com 1,11 milhão de ha desmatados. Entre 2019 e 2023, o Brasil perdeu 8,5 milhões de ha de vegetação nativa, com 52% do desmatamento ocorrendo na Amazônia e 39% no Cerrado. Em 2023, esses dois biomas, perderam 1,5 milhão de ha – 85% do desmatamento total do ano. Ver MAPbiomas (2023).

133 Em 2023, a Amazônia Legal concentrou 1.034 dos 2.203 conflitos no campo no Brasil. A região, que cobre 60% do território nacional, teve o terceiro maior número da série histórica, atrás de 2020 (1.167 conflitos) e 2022

Enquanto isso, no âmbito das discussões internacionais, representantes do setor, inseridos no discurso hegemônico da modernização ecológica, ocultam as contradições reais de seus negócios. A inclusão nas delegações oficiais do Brasil de grandes corporações, como empresas de alimentos e insumos agrícolas, por exemplo, reforça este movimento de captura das políticas climáticas por interesses privados, distanciando-as das necessidades de enfrentamento da questão climática, sobretudo no que se refere às adaptações territoriais e à justiça climática.

O que se torna notório é que atividades vinculadas com as estratégias de mitigação de GEE são cada vez mais incorporadas por empresas que investem em práticas relacionadas à eficiência energética, aproveitamento de sobras da produção e reajustes em seus processos produtivos. Ao mesmo tempo, essas empresas seguem com suas atividades regulares que envolvem uma variedade de danos ambientais e que agora, pela via do mercado, podem ser "compensados". Agropalma, Aracruz, Bunge, Bayer, Cargill, Fibria, Grupo Amaggi, Grupo Suzano, Klabin, Monsanto, SLC são algumas das principais empresas do agronegócio que atuam no Brasil, conhecidas por seus inúmeros impactos socioambientais gerados em diferentes partes do país, e que passam a adotar estratégias voltadas às questões ambientais em sua produção e visibilidade no mercado.

Agronegócio, transição energética e a financeirização dos territórios

A modernização ecológica tem delineado novas possibilidades de acumulação de capital por meio do agronegócio no Brasil, especialmente no contexto das mudanças climáticas e da transição para uma economia de baixa emissão de carbono. Observa-se uma articulação entre políticas públicas direcionadas às mudanças climáticas e o capital financeiro, em um processo de reestruturação produtiva da agricultura científica globalizada. Esse fenômeno

---

(1.117). Os principais responsáveis: fazendeiros (54,4%), grileiros (11,3%), garimpeiros (9,7%), empresários (9%), governos (federal 4,2%, estadual 2,5%, municipal 2,2%) e hidrelétricas (2%). Ver CPT (2024).

tem manifestado a criação de novos mecanismos e estratégias que facilitam a penetração do capital fictício sobreacumulado em determinadas atividades que passam a ser ressignificadas economicamente neste contexto.

Instrumentos como créditos verdes, títulos lastreados em sustentabilidade e investimentos em energias renováveis não apenas fomentam a densificação do agronegócio, mas também criam novos ativos, a exemplo dos Certificados de Recebíveis do Agronegócio Verdes (CRA Verde), direcionados à produção de "*commodities* agrícolas sustentáveis".

Desde o lançamento do primeiro CRA Verde em 2016, ainda em caráter experimental, já era possível identificar o direcionamento desses títulos para o fortalecimento da oligopolização no setor agrícola, com seus decorrentes desdobramentos territoriais, inclusive com o surgimento de novas formas de conflitos, como será explorado adiante.

Esta primeira iniciativa ocorreu com a atuação da Ecoagro,[134] empresa de estruturação financeira entre a cadeia produtiva do agronegócio e o mercado de capitais, emitindo CRAs no valor de R$ 1 bilhão, lastreados em créditos da Suzano Papel e Celulose. Essa captação foi direcionada para o financiamento da expansão de monoculturas florestais para a produção de papel e celulose. Simultaneamente, no mercado internacional, cinco outras emissões de títulos verdes foram efetuadas por empresas brasileiras do ramo, a saber: BRF (€ 500 milhões), Suzano Papel e Celulose (US$ 500 milhões e US$ 200 milhões), Fibria (US$ 700 milhões) e Klabin (US$ 500 milhões) (LAB, 2020, p. 3-5).

Em 2020, o cenário começou a apresentar uma maior integração desses instrumentos financeiros com o agronegócio, evidenciada pela emissão de títulos verdes pela SLC Agrícola, uma das grandes da soja, no valor de R$ 480 milhões.[135] Entretanto, é

---

134 Para mais informações, acessar: https://ecoagro.agr.br/. Acesso em: 11 mar. 2025.

135 Conforme descrito no documento de emissão destes títulos, os recursos captados devem ser direcionados ao curso ordinário dos seus negócios,

importante notar que, naquele mesmo ano, a SLC ganhou notoriedade não apenas pela emissão de títulos verdes, mas também pelo seu elevado índice de desmatamento no Cerrado (Chain Reaction Research, 2021) e por sua implicação em esquemas de grilagem de terras no oeste da Bahia (Paes, 2021).

A situação se torna mais grave quando se verifica que grandes bancos que atuam no Brasil financiaram, por meio da emissão de CRAs Verdes, empresas com histórico de desmatamento ilegal e, mais séria ainda, com denúncias de trabalho análogo à escravidão (Wenzel; Christe, 2023).

Essas situações ilustram uma tendência, antes mencionada sobre os financiamentos verdes, de perpetuação de um modelo de produção dominante no campo brasileiro, na medida em que se legitimam empresas com histórico de práticas predatórias ao ambiente e a sociedade, conferindo-lhes uma espécie de "chancela verde" por meio de sua inserção nos mecanismos de "financiamento sustentável".[136]

Além destes aspectos mais nocivos dos títulos verdes, ao direcionarem recursos para projetos relacionados ao clima e ao ambiente, sobretudo envolvendo a transição energética, ampliam as possibilidades de ganhos extraordinários para aqueles que já possuem capacidade técnica e produtiva consolidadas. Como resultado, pequenos e médios produtores que carecem de acesso a crédito e tecnologia ficam à margem desses investimentos, o que contribui com a manutenção da concentração de terras e capitais, em detrimento de uma distribuição mais equitativa dos recursos.

O setor sucroenergético, com destaque para as grandes usinas do Noroeste paulista (Ereno, 2006), tem se posicionado na vanguarda deste processo no Brasil e no mundo. Como argumenta Horácio

isto é, no financiamento da produção, comercialização, beneficiamento ou industrialização de produtos ou insumos agropecuários ou de máquinas e implementos utilizados na atividade agropecuária. Ver Isec, 2020.

136 Para uma leitura mais completa sobre este tema, ver Junqueira (2021); Aleixo (2021).

de Carvalho (2009), a produção de bioenergia ganha relevância em um contexto de relações hierárquicas, onde interesses privados de grupos transnacionais se alinham com estruturas estatais e acordos supranacionais para controlar a oferta de matéria-prima e a inovação tecnológica.

Diversos autores têm analisado estas transformações recentes no campo brasileiro, discutindo como a crise a econômica mundial alterou, em muitos aspectos, o perfil do agronegócio no país. Observa-se que esse movimento foi alavancado, em grande medida, pela entrada de empresas estrangeiras de diversos setores, como bancos e financeiras, automobilísticas, petrolíferas, além dos habituais grupos agrícolas internacionais. Esse fenômeno ocorre principalmente por meio de fusões e aquisições de empresas brasileiras, resultando em uma maior concentração de capitais (Pitta *et al.*, 2014; Barros, 2018; Santos; Mello Filho, 2021).

Conforme evidenciam estes autores, após a crise econômica de 2008, verificou-se um forte direcionamento de capitais estrangeiros para ativos fixos, como terras, minérios, matérias-primas agrícolas, água e para a produção de energias renováveis, como usinas de etanol e bioeletricidade. Segundo Stédile (2013, p. 23), esses capitais, direcionados para bolsas de mercadorias agrícolas e de minérios, passaram a especular no mercado financeiro e assim transformar o dinheiro em mercadorias futuras. Esse movimento, conforme ressalta o autor, desencadeou uma elevação excessiva nos preços dos produtos agrícolas negociados pelas empresas nas bolsas mundiais de mercadorias, reflexo tanto das movimentações especulativas quanto do controle oligopolístico exercido por grandes empresas nos mercados internacionais.

Nesse cenário, o setor sucroenergético emerge como um dos principais protagonistas, especialmente quando inseridos no contexto da transição energética. A produção de bioenergia a partir da cana-de-açúcar ganhou musculatura nas últimas décadas, impulsionada por inovações tecnológicas e pela referida integração de grandes grupos transnacionais.

Embora a bioeletricidade tenha sido introduzida no início dos anos 1980, em Sertãozinho, São Paulo, ganhou relevância apenas nos anos 1990, quando expande-se para outras regiões do país, como o Triângulo Mineiro (Campos, 2019), Sul de Goiás (Pietrafesa, 2016) e o Oeste do Mato Grosso do Sul, consolidando-se no início dos anos 2000 como uma fonte energética estratégica para o Brasil (Olivia, 2017). Não por um acaso, grandes grupos globais do agronegócio, como Adecoagro, ADM, Bunge, Cargill, Louis Dreyfus entre outras que se fundiram com produtoras brasileiras, ampliaram a sua presença de maneira significativa neste setor nas últimas duas décadas (Steckelberg; Pietrafesa, 2015). Este movimento se mostrou mais intenso entre os anos de 2008 e 2010, especialmente na região do Noroeste paulista, consolidando-se como um centro de relevância internacional de inovações tecnológicas voltado ao setor sucroenergético (Brolina Filho, 2010).

Essa expansão não apenas reforçou a atuação do capital estrangeiro no setor, como também acelerou um processo contínuo de fusões e aquisições, estimulado, mais recentemente, pelas possibilidades de inovação e ganhos em um contexto de transição energética e de mudanças climáticas (Pressinot, 2024).

A cogeração de energia a partir de resíduos da produção é uma das principais práticas que transforma externalidades em fontes de valor, reconfigurando as bases econômicas produtivas do setor.[137] Essa dinâmica reforça a propensão de que as mudanças tecnológicas, aliadas às pressões climáticas, podem gerar lucros extraordinários e consolidar a centralidade do agronegócio na transição energética.

---

137 Em 2024, a geração de bioeletricidade destinada à rede elétrica alcançou 28.260 GWh, posicionando-se como a quarta maior fonte de energia, logo após o gás natural. O bagaço e a palha da cana-de-açúcar consolidaram-se como os principais combustíveis na geração de bioeletricidade para a rede, responsáveis por uma oferta de 21.218 GWh. Esse volume correspondeu a 75% de toda a bioeletricidade gerada para o sistema elétrico nacional, reforçando a importância do setor sucroenergético na matriz energética do país. O licor negro, resíduo proveniente da indústria de papel e celulose, manteve-se na segunda posição em termos de geração de bioeletricidade para a rede, com uma contribuição de 5.118 GWh no mesmo ano (Unica, 2024, p. 1).

Assim, os CRAs Verdes e outras ferramentas de "financiamento sustentável" têm se situado como alavancas de investimentos em setores da agricultura tecno-científica globalizada, reforçando a concentração de capital e o domínio de grandes corporações sobre as terras agricultáveis no Brasil.

A oferta global de energia renovável reflete um controle exercido por grupos transnacionais, que se apropriam da ciência e da tecnologia para consolidar aquilo que Horário de Carvalho (2009) denomina por "império das fontes renováveis". Esse quadro é intensificado pelas mudanças climáticas, que criam novas oportunidades de acumulação de capital, integrando a agroindústria canavieira à economia de baixo carbono (Cornetta, 2012). A inovação tecnológica e o potencial energético da cana-de-açúcar não apenas fortalecem o setor na transição energética, mas também ampliam o poder das grandes corporações na definição dos rumos desta transição (Garcia *et al.*, 2015).

Um movimento semelhante ao do setor sucroenergético, marcado pelas relações entre capital financeiro, energia renovável e a concentração de terras, vem ocorrendo também com a agroindústria de papel e celulose, após a experiência pioneira da Suzano citada anteriormente.

De acordo com o estudo "Florestas energéticas: potencial da biomassa dedicada no Brasil", realizado pelo Instituto de Energia e Meio Ambiente (IEMA), uma das alternativas viáveis do ponto de vista tecnológico é aumentar a participação na matriz elétrica de usinas termelétricas não fósseis que utilizam biomassa originada de florestas plantadas, "de maneira ambientalmente segura e socialmente justa" (Iema, 2018, p. 4).

As projeções indicadas pelo relatório afirmam que uma restauração de áreas promovida pelo desenvolvimento da biomassa alcançaria 6,3 milhões de hectares, garantindo 52,8% da meta estabelecida na NDC brasileira (Contribuição Nacionalmente Determinada). A análise também mostra que "a inserção massiva de biomassa dedicada na matriz elétrica poderia criar um maciço florestal com um estoque de carbono equivalente a mais de 17 vezes as emissões do Sistema Interligado Nacional (SIN) em 2016" (Iema, 2018, p. 4).

Essa perspectiva se consolida no Plano Nacional de Desenvolvimento de Florestas Plantadas (PNDF) de 2024, ao dar centralidade à madeira como bioenergia, se colocando como parte importante da transição energética traçada pelo Brasil, além de seu papel nas diretrizes da economia de baixo carbono. Conforme especifica o documento:

> A agroindústria florestal brasileira possui um diferencial peculiar na governança climática global ao ofertar a expansão dos plantios comerciais aliados à conservação, praticamente em proporções idênticas, já que aplica o manejo florestal climático, capaz de neutralizar em escala significativa parcela das emissões de carbono, aliando perenidade, versatilidade e lucratividade à governança climática. (Mapa, 2024, p. 13)

Quanto aos interesses do capital internacional pelo setor de papel e celulose, observa-se um movimento análogo ao do setor sucroenergético, ou seja, uma crescente atração de investimentos estrangeiros em monoculturas de eucalipto, intensificada após a crise de 2008, e que ganha novas perspectivas com as oportunidades da transição energética.

No mesmo período, a produção de papel e celulose também sofre transformações significativas, com o aumento da participação do capital financeiro no setor, especialmente por meio de fundos de pensão e grandes grupos internacionais. Esse movimento teve seu ápice no ano de 2010, quando investidores começam a enxergar florestas plantadas não apenas como fonte de matéria-prima, mas como ativos financeiros de longo prazo, e com o potencial de diversificação dos negócios com as demandas por energia renovável.

Nesse cenário, os fundos de pensão começaram a diversificar suas carteiras de investimentos, direcionando recursos para o setor de papel e celulose. Exemplos disso são as estratégias adotadas pela Fundação Basf, Ericsson, CapitalPrev e outros, que passaram a investir em florestas comerciais no Brasil no referido período. Nota-se um modelo de acumulação que opera mediante a conversão de monoculturas silvícolas em ativos financeiros, estabelecendo uma relação entre biomassas vegetais e valores mobiliários, trazendo implicações significativas às dinâmicas socioambientais nos territórios em que atuam.

Esse modelo é implementado por organizações especializadas na gestão de terras para silvicultura, que captam recursos no mercado financeiro e os direcionam para o cultivo de eucalipto em larga escala (Binkley *et al.*, 2020; Silva, 2023; Oliveira; Neves, 2024). Exemplo disso são as chamadas Timos (Timber Investment Management Organizations), cuja atuação consiste em viabilizar o fluxo de capital para a densificação e expansão das atividades silvícolas. Esse acrônimo refere-se a um conjunto de organizações que gerenciam fundos de investimento em áreas florestais. As primeiras Timos surgiram nos anos 1970 e desde então vêm crescendo progressivamente. Chegaram ao Brasil em 1999 e hoje controlam grande parte dos investimentos em florestas privadas no país (Trindade, 2022).

Este movimento ganha corpo no contexto da transição energética, considerando as possibilidades que se ampliam para a penetração do capital financeiro nos territórios em que avançam as monoculturas de eucalipto. Um caso emblemático é o da empresa francesa Mirova, gestora de ativos vinculada ao Natixis Investment Managers, que em 2021 anunciou investimentos em florestas plantadas no estado de Minas Gerais, com foco na produção de biomassa de eucalipto, alinhada à demanda global por transição energética. Interessa notar como a empresa se vale do conceito de *tipping point*[138] para legitimar a expansão de seus negócios a partir de "uma verdadeira transformação em nossos modelos de produção e consumo – e redefinir a relação entre os negócios e a Natureza" (Mirova, 2021, p. 3).

A Suzano também tem direcionado seus investimentos para a geração de energia renovável a partir de resíduos florestais, mantendo sua posição de vanguarda nas inovações tecnológicas e

---

138 Trata-se de um conceito para expressar um limiar, patamar ou degrau que separa uma grande diferença qualitativa posterior da tendência anterior. Nos debates ambientais e sobre mudanças climáticas, o termo é utilizado (equivocadamente) para indicar situações irreversíveis ou um "ponto de não retorno" (Veiga, 2023).

financeiras, conforme visto anteriormente. Evidentemente que os novos negócios que surgem para o setor neste contexto[139] também vêm contribuindo pela demanda de expansão de áreas cultivadas pela Suzano, que somam cerca de 1,7 milhão de hectares, espalhadas nas diferentes regiões do país (Fontes, 2023).

A despeito dos benefícios que se anunciam sobre o potencial que as florestas energéticas podem oferecer à questão climática, são amplamente conhecidos os inúmeros efeitos nocivos ao ambiente que acarretam a monocultura de eucalipto, especialmente por seu alto consumo de água, o que pode agravar a escassez hídrica em regiões já pressionadas (Tarasiuk; Bianchi, 2022), e por contribuir para a degradação do solo, além da perda de biodiversidade, substituindo ecossistemas nativos (Wenzel, 2024; Perdigão, 2024).

Enquanto este setor defende suas práticas com base em certificações de sustentabilidade e iniciativas de recuperação ambiental, movimentos sociais questionam a concentração de terras e os efeitos sociais da expansão do eucalipto (Fernandes, 2017; vários autores, 2023).

Conforme discutido a respeito do setor sucroenergético, uma dinâmica semelhante tem levado à concentração de terras nas mãos de poucos atores que se conectam a produção de monoculturas energéticas, acentuando as desigualdades fundiárias, ao mesmo tempo em que marginalizam outras formas de produção do espaço rural brasileiro.

Do outro lado deste processo, o capital financeiro – neste caso representado pelos fundos de pensão, gestoras internacionais e grupos multinacionais – tem convertido terras e monoculturas de eucalipto em ativos estratégicos para a alocação de capital fictício.

Para além do investimento nas cadeias agroindustriais, esses recursos financeiros também estimulam a especulação e, mais

139 Os novos negócios também vêm acompanhado de fusões estratégias, como a parceria entre Eletrobras e Suzano para produção de hidrogênio verde e combustíveis sintéticos, reforçando a perspectiva de flexibilização dos negócios no contexto das mudanças climáticas e da transição energética (ver Suzano, 2024).

recentemente, a monetização de créditos ambientais. O que está em jogo, portanto, não é apenas o financiamento de plantações, sementes e melhoramento genético ou a preocupação com o aquecimento global, mas a busca sem fim por ganhos extraordinários no futuro. No limite, trata-se da transformação de terras agricultáveis em plataformas para o rentismo global – processo que, pela própria lógica do capital fictício, impulsiona a expansão e concentração das áreas atreladas a este capital.

Conforme mencionado, estes movimentos têm se desdobrado em inúmeros casos de comunidades rurais que foram deslocadas ou tiveram seus direitos violados para dar lugar a plantações de eucalipto. Esses conflitos são agravados pela falta de consulta prévia e consentimento das comunidades afetadas, além da fragilidade das políticas de proteção territorial, conforme mostram os estudos publicados pelo Movimento Mundial pelas Florestas Tropicais (WRM, sigla em inglês) (WRM, 2024).

Embora as monoculturas de eucalipto sejam frequentemente apresentadas como uma solução sustentável para a geração de energia e a compensação de emissões de GEE, o que se observa é a perpetuação do modelo hegemônico de uso e ocupação do solo agricultável, cujos desdobramentos se revelam nas mais variadas formas de desigualdades sociais, na degradação ambiental e nos conflitos agrários que se espalham por todo o país.

O MST E A QUESTÃO AMBIENTAL: PERCURSO HISTÓRICO E CONSTRUÇÃO ATUAL

Bárbara Loureiro[1]
Camilo Augusto[2]
Renata Menezes[3]

O tema ambiental tem ganhado cada vez mais destaque no cenário político mundial, sobretudo na última década. Isso se deve, evidentemente, ao fato de a crise ambiental ter se agravado e influenciado diretamente a vida cotidiana da população, de maneira que as discussões em torno do seu enfrentamento coloquem a necessidade do envolvimento de diversos atores e organizações populares para que se consiga verdadeiramente avançar em soluções concretas.

O tema da crise ambiental e das formas de enfrentá-la tem mobilizado espaço relevante dentro de governos, empresas e também na sociedade civil como um todo, no Brasil e ao redor do mundo. Este processo é contraditório e dinamizado pelo desenrolar das lutas de classes que movimentam a vida na sociedade capitalista.

Movimentos populares organizados têm se debruçado na disputa ideológica, política e técnica sobre a forma de tratar a questão

---

1 Mestre em Meio Ambiente e Desenvolvimento Rural pela UnB e militante do Movimento dos Trabalhadores Rurais Sem Terra.

2 Mestrando em Trabalho, Saúde, Ambiente e Movimentos Sociais pela Fundação Oswaldo Cruz e militante do Movimento dos Trabalhadores Rurais Sem Terra.

3 Licenciada em Geografia pela Unesp e militante do Movimento dos Trabalhadores Rurais Sem Terra.

ambiental, contrapondo as soluções apresentadas pelos porta-vozes do capital como sendo as únicas possíveis. Tais soluções, conforme apresentado nos capítulos anteriores, dizem respeito mais à crise estrutural enfrentada pelo sistema capitalista do que propriamente a crise ambiental – derivada da maneira com que esse modo de produção condiciona a relação entre sociedade e natureza.

Neste caminho, o MST tem elaborado uma série de ações e análises como forma de compreender e intervir sobre a realidade na qual atua. Contudo, este movimento não emerge de forma abrupta e simplista, e tampouco se explica simplesmente como uma resposta à conjuntura do último período.

Ao contrário, isso se deve ao processo histórico da luta de classes no campo, bem como ao exercício constante de análise coletiva da realidade e planejamento estratégico desta organização. Esses elementos permitem ao MST enfrentar os desafios históricos impostos pelo movimento da realidade à classe trabalhadora, especialmente do campo.

Todo acúmulo do MST em suas formulações nasce da práxis política, ou seja, a partir daquilo que foi se construindo desde a base social, formada por famílias Sem Terras, seja nos acampamentos, assentamentos ou escolas do campo, que posteriormente foram sendo elaboradas e ancoradas na própria teoria marxista ao mesmo tempo em que se transformava em outra coisa do que sua origem e do que aponta a literatura. O exemplo mais evidente está na Pedagogia do Movimento, que bebe da Pedagogia Socialista, da Pedagogia do Trabalho, das experiências de alfabetização dos processos revolucionários e, a partir de sua própria prática e realidade, vai aprendendo e se transformando em algo novo. Já dizia Heráclito de Éfeso "Ninguém pode entrar duas vezes no mesmo rio, pois quando nele se entra novamente, não se encontra as mesmas águas, e o próprio ser já se modificou".

Os avanços na formulação do MST são resultado da prática concreta ao longo da história, e podem ser vistos em seus documentos que sistematizam as experiências em forma de propostas e elaborações. Neste sentido, os principais documentos produzidos pela organização representam a síntese da visão política do movimento sobre a conjuntura da época, combinada com sua formulação sobre o que fazer, sobre a tática e as linhas políticas que orientarão a ação dos próximos anos, de modo que acumulem forças para a sua dimensão estratégica, de ruptura com a lógica capitalista e construção de um projeto de sociedade socialista. Entretanto, sendo um movimento social do campo, sua análise foca na questão agrária, ambiental, sob a chave do avanço do capitalismo no campo, para, então, chegar em sua tática.

Nosso objetivo aqui é analisar as contribuições do Movimento Sem Terra para o debate ambiental, as saídas para a crise ecológica, bem como traçar parte dos fatores que contribuíram para a atual compreensão do MST sobre este debate, a partir de trabalhos acadêmicos e documentos históricos produzidos pelo próprio movimento que ajudam a contextualizar este percurso.

Mais do que uma reconstituição histórica, a proposta é identificar como a configuração da luta de classes nos diferentes períodos foram condicionando o campesinato e, no caso analisado, o MST a construir uma resposta para enfrentar as contradições da questão agrária que desembocam na questão ambiental.

O debate ambiental no MST

"Mas renova-se a esperança
Nova aurora a cada dia
E há que se cuidar do broto
Pra que a vida nos dê flor e fruto"
Coração de estudante,
Milton Nascimento

O MST surge de um contexto histórico em que o Brasil vivia a retomada das lutas populares contra os longos e duros anos de ditadura civil-militar, que reprimiu violentamente todas as organizações da classe trabalhadora, em especial as organizações camponesas que protagonizaram grandes lutas pela reforma agrária no país nas décadas de 1950-1960, com destaque para a atuação das Ligas Camponesas, União dos Lavradores e Trabalhadores Agrícolas do Brasil (Ultab) e o Movimento dos Agricultores Sem Terra (Master), todos extintos durante a ditadura.

Emergindo da contradição entre a concentração de terras e a não realização da reforma agrária pela falsa abolição, originada da colonização das terras brasileiras e nunca solucionada, o Movimento dos Trabalhadores Rurais Sem Terra nasceu em 1984, fruto da articulação de diversas lutas locais pelo acesso à terra, protagonizado por trabalhadores camponeses que sem alternativas começam a fazer ocupações de terras abandonadas e a exigir do Estado o assentamento, a repartição da terra.

Com o aprofundamento das desigualdades sociais herdadas do período colonial e combinadas com as políticas liberais após a abertura democrática, a luta pela terra ressurge no cenário nacional como uma importante reivindicação da sociedade. Este salto que ganha as ruas por reforma agrária advinha de um lastro das famílias sem terras que foram expulsas do campo, hoje moradoras das periferias das grandes cidades, combinado com a necessidade e reconhecimento de suas origens camponesas, ao lado de um profundo ressentimento com o governo que se aliava aos fazendeiros e banqueiros.

É neste contexto que o MST se transforma em uma organização importante e destacada na política brasileira. Diferente das outras experiências históricas de organização camponesa, o MST não surge atrelado a nenhum partido político ou instituição religiosa, muito embora estes atores também tenham tido papel importante em sua constituição.

Em suas normas gerais, construídas em 1984, o Movimento estabelece seus objetivos estratégicos afirmando-se para a sociedade brasileira que se constitui como um movimento camponês, de caráter sindical, político e de massas, que organiza camponeses para lutar pela terra, pela reforma agrária e pelo socialismo (MST, 2016).

Neste documento fundacional do MST, entretanto, não vemos nada que mencione a questão ambiental, tampouco na resolução do I Encontro Nacional, realizado em 1984, ou no documento final do I Congresso Nacional de 1985.

Isso se explica, em partes, por uma influência da conjuntura do período. Para combater o discurso dos ruralistas à época – que afirmavam que os assentamentos seriam lugar de miséria –, a preocupação maior estava em construir exemplos reais de organização coletiva do trabalho como o cooperativismo, associado com o desenvolvimento da produtividade agrícola na área dos grãos, e acabou-se por reproduzir o pacote hegemônico na agricultura sem grandes reflexões sobre o uso dessa matriz tecnológica, visto que a centralidade estava em dar provas concretas de que a reforma agrária era viável economicamente (Santana, 2024).

Para que o MST pudesse incorporar e definir a agroecologia como centralidade na luta pela reforma agrária e em seu Programa Agrário, foi necessário um processo intenso de estudo, elaboração e trabalho prático que se inicia uma década antes dos anos 2000 e que dá as bases de sustentação para a construção da agroecologia como a principal ferramenta de cuidado com o meio ambiente proposta pelo MST.

As reflexões em torno do tema ambiental vão amadurecendo e se aprofundando dentro do Movimento ao longo da década de 1990. Este é um processo que acompanha o desenvolvimento da luta de classes em que o MST está inserido desde seu surgimento.

Em um texto datado de 1990, aparece pela primeira vez, de forma escrita em um documento nacional, o tema do cuidado com o meio ambiente, organizado em forma de pauta para a estruturação dos assentamentos.[4] Com base no trabalho de Santana, 2024, denominado "O MST e a questão ambiental no transcurso da década de 1990", temos algumas pistas desse processo do ponto de vista histórico, que apontam para uma das viradas de chave do MST sobre o debate ambiental.

> Olhando a plataforma de reivindicação da fundação do MST em 1984, presente no documento que mencionamos acima, percebemos que não é mencionado o tema ambiental. Aparece a reivindicação da desapropriação das terras das multinacionais,

[4] O documento das reivindicações do II Congresso Nacional do MST nos ajuda neste sentido. No tópico referente a assentamentos do mesmo documento aparece a seguinte reivindicação: "implantação de políticas de estímulo à preservação ambiental, à recuperação e conservação do solo, e ao reflorestamento nos Assentamentos, com apoio creditício e recursos".

> de todos os latifúndios, a demarcação das terras indígenas e o fim da política de colonização e uma política agrícola que priorize o pequeno produtor. (MST, 1984)
>
> Ainda que estas sejam reivindicações que vão na direção da defesa do meio ambiente, neste período o movimento não colocou como parte das propostas na perspectiva da defesa, também, do meio ambiente. (Santana, 2024, p. 32)

Podemos notar, conforme a citação anterior, que já apareciam demandas como a demarcação das terras indígenas e o fim da política de colonização da Amazônia, pois é neste período que se radicalizam as críticas ao modelo do capital no campo, bem como ficam evidentes os impactos dos megaprojetos de infraestrutura, logística, energia e mineração na região em sua face indissociável com a questão agrária brasileira. Muito embora não estivessem diretamente vinculadas com o tema do cuidado do meio ambiente – termo usado nos documentos da época –, essas pautas diziam respeito à luta por garantia de direito dos povos indígenas e dos camponeses amazônicos e também de outras regiões que eram forçados a migrar para a Amazônia, pois estava vedada qualquer outra possibilidade de acesso à terra em seus locais de origem.

Destaca-se que é a partir da Conferência das Nações Unidas sobre Meio Ambiente e Desenvolvimento, conhecida como ECO-92, realizada no Rio de Janeiro, que o debate ambiental começa a ser aprofundado no MST. Exemplo disso são documentos elaborados sobre o tema da ecologia política e orientações à delegação que participaria da conferência.

Entretanto, para analisar o transcurso desse debate dentro do MST, é importante olharmos para dois marcadores de suas decisões e elaborações políticas. Do ponto de vista da organização de um movimento social, o MST se orienta a partir das definições tomadas em seus Congressos Nacionais. Do ponto de vista da elaboração, essas decisões são sistematizadas em documentos, sendo o principal deles o Programa Agrário, que está para além das pautas reivindicatórias dos camponeses: é uma proposta, um projeto político de organização do campo brasileiro. Do ponto de vista documental e histórico, são quatro versões deste Programa que demarcam o que se entende por Reforma Agrária enquanto parte de um projeto de desenvolvimento do país.

O primeiro tem origem em 1995, chamado de Plano Nacional de Reforma Agrária; o segundo, de 1998, é chamado de Programa de Reforma Agrária do MST; o terceiro é de 2014, o Programa Agrário do MST; por fim, o último, lançado em 2025, é o Programa de Reforma Agrária Popular.[5]

Embora as várias sistematizações e sinalizações do MST fizessem um esforço para incorporar a dimensão dos cuidados com a natureza para o campesinato e a agricultura camponesa familiar, ela ainda seguia pelo viés da preservação,[6] com nuances sobre a necessidade de mudança da matriz tecnológica na agricultura, ainda sem um aprofundamento. Entretanto, a partir de 2007, com a realização do V Congresso Nacional do MST, já há algumas elaborações importantes sendo afirmadas, não apenas produzidas no contexto brasileiro, mas também de cunho internacionalista,[7] expressas principalmente na carta dos Sem Terra à sociedade.

A carta contém alguns compromissos que já estavam presentes enquanto prática política do MST naquele período, mas que precisavam avançar, alcançar ainda mais famílias da base social e do conjunto da sociedade, afinal, as cartas são como mensagens para dentro e para fora da organização. Dos 18 compromissos, sete deles estão relacionados à questão ambiental, sendo que um deles menciona diretamente a agroecologia:

> 1. Defender as sementes nativas e crioulas. Lutar contra as sementes transgênicas. Difundir as práticas de agroecologia e técnicas agrícolas em equilíbrio com o meio ambiente.

---

5 Estes documentos podem ser acessados na internet.

6 Preservação diz respeito a uma natureza intocável, que não pode coexistir com o ser humano, não importa qual o vínculo. As organizações populares geralmente criticam essa compreensão, pois ela não permite a relação da floresta com os povos, mas possibilita que sejam geridas por empresas privadas que usam destes espaços para suas pesquisas.

7 Internacionalismo para o MST é uma estratégia, um princípio e um valor baseado nas relações de solidariedade e integração entre os povos do mundo em busca de uma sociedade mais justa.

> Os assentamentos e comunidades rurais devem produzir prioritariamente alimentos sem agrotóxicos para o mercado interno. (MST, 2007)

Naquele ano, o lema do Congresso era "Reforma Agrária: por Justiça Social e Soberania Popular!" e reuniu 17.500 delegados e delegadas de 24 estados, com quase duas centenas de pessoas representando 31 países de diferentes organizações ou enquanto aliados do MST, com destaque para a Via Campesina e a Aliança Bolivariana dos Povos das Américas enquanto articulações de atuação internacional com organizações camponesas e urbanas (MST, 2007), que também pautam a defesa da natureza a partir da luta pela terra e pela soberania em seus respectivos países.

Um fator fundamental de destacar e que também está presente na carta é o caráter da luta contra o neoliberalismo e o imperialismo enquanto causadores dos problemas estruturais da classe trabalhadora, evidenciados na luta contra as corporações internacionais, aliadas às oligarquias rurais brasileiras, que avançavam e ainda avançam sobre os territórios camponeses a partir das políticas liberais, com o objetivo não apenas de buscar a renda da terra como o latifúndio improdutivo fazia, mas de exploração da mão de obra barata e espoliação da natureza, a partir da privatização da água, das derrubadas e queimadas de florestas para avanço da fronteira agrícola, uso de agrotóxicos, monocultivo, transgênicos, controle e monopólio das sementes, entre outros problemas que se intensificavam.

A mudança dos antagonistas de classe históricos do campesinato – que deixaram de ser apenas fazendeiros para se tornarem um híbrido de capital financeiro com capital estrangeiro e o latifúndio atrasado – também forçam a correlação para que as organizações do campo apresentem algo de projeto, pois a reforma agrária já não poderia ser realizada nos moldes clássicos no Brasil.

Essa compreensão reforça a necessidade de localizá-la neste enfrentamento às oligarquias nacionais aliadas ao capital financeiro transnacional. Ao mesmo tempo, de incorporar a dimensão de projeto de classe, em que só é possível a realização da reforma agrária no Brasil se ela adquirir um caráter popular, defendido por toda a classe trabalhadora.

Estes aspectos históricos são extremamente relevantes para compreender o salto que a agroecologia dá no MST, de primeiras reflexões sobre cuidados e preservação da biodiversidade para uma robustez mais estratégica, oriunda de uma ação e reflexão (Freire, 2019) próprias de uma organização social que ganha maturidade política na medida em que os sujeitos de sua base social, as famílias sem terras, vão construindo essa consciência de classe e da necessidade de avançar na agroecologia na perspectiva de um projeto. E este salto está presente na realização do VI Congresso Nacional, em 2014, a partir da síntese da palavra de ordem e lema daquele ano: Lutar, Construir Reforma Agrária Popular!

A importância da articulação internacional de camponeses para o debate ambiental do MST

É importante enfatizar que o MST alcançou tal compreensão somente após uma ampliação de suas articulações internacionais, que permitiram avançar sobre esse tema enquanto organização. Quando da realização da ECO-92,[8] o MST impulsionou a construção de uma conferência paralela que aglutinava os povos do campo para que estes pudessem apresentar ao mundo as suas propostas para se alcançar a "sustentabilidade".[9] Ao fazer isso, também era feita a denúncia da incapacidade da agricultura industrial de ser sustentável ambientalmente.

Nesta conferência, realizada no estado do Espírito Santo e batizada de Conferência de Vitória, reuniram-se mais de 200 delegados de diversos países do mundo para fazer a crítica às propostas elaboradas pelos governos e órgãos da Organização

---

8 Evento precursor das Conferências das Partes (COPs), que foi nomeado de Conferência das Nações Unidas sobre Meio Ambiente e Desenvolvimento e também ficou conhecida como ECO-92.

9 O MST e as organizações populares utilizavam o termo sustentabilidade dentro dos contextos históricos, mas, atualmente, possuem um olhar crítico sobre o conceito. A ideia será apresentada na parte final deste capítulo.

das Nações Unidas (ONU) na ECO-92 e, ao mesmo tempo, apresentar a formulação a partir dos movimentos e organizações populares.

Esse é um fato relevante, pois a partir dele podemos verificar que o internacionalismo é fundamental para a construção do MST, com influência direta nas elaborações teóricas e estratégicas desta organização. O contato com as organizações de outros países e continentes fez com que o MST conhecesse melhor as lutas e as perspectivas de agriculturas de povos que cultivaram historicamente uma relação com a natureza diametralmente diferente das relações imputadas pelas sociedades de cultura ocidentalizada. Esse processo foi importantíssimo para que o MST se abrisse de forma mais contundente para o debate sobre a, assim chamada naquela época, "agricultura alternativa".

Essa relação se intensifica com a construção da Via Campesina, em 1993, organização constituída com a contribuição do MST e que teve importante papel para o desenvolvimento do debate ambiental no MST e até mesmo na elaboração do conceito de agroecologia. A Via Campesina é uma articulação de organizações camponesas que reúne centenas de movimentos e sindicatos do campo e conta com a presença de organizações de mais de 80 países, de todos os continentes do mundo.

O processo de enfrentamento às transnacionais da agricultura fez com que também os movimentos do campo se articulassem internacionalmente para projetar lutas comuns, materializadas sobretudo no combate aos agrotóxicos e seus efeitos à saúde e ao ambiente, assim como na luta contra as sementes transgênicas, e pelo reconhecimento dos direitos dos camponeses pela ONU.

Essa mudança de chave contribui significativamente para a abordagem e a prática da agroecologia no movimento. Primeiro, por uma questão da práxis, de como se organiza e pensa a forma de produzir alimentos diante da luta de classes posta entre campesinato *versus* capitalismo no campo. Identifica-se que não basta apenas produzir quantitativamente, pois as condições com os grandes latifundiários são desiguais e estes deixam um rastro de destruição sob o solo e todos os bens comuns da natureza;

quando conquistadas pelos camponeses, impactam profundamente a produtividade agrícola.

Modifica-se a percepção, na prática e na reflexão, de que não basta conquistar a terra, é preciso preservar o solo, a biodiversidade, a água, a forma do manejo, as relações sociais, senão não há agricultura que se sustente. Segundo, pela elaboração, que vai se qualificando conforme essa prática política e depois sendo apropriada novamente para gerar novas práticas, adquirem-se novos aprendizados em consonância com a própria luta.

Em entrevista para Santana, 2024, Adalberto Martins, que é coordenador do MST no estado do Rio Grande do Sul e também um intelectual da questão agrária brasileira, nos diz que:

> Este tema *ambiental*, como a produção *crítica ao modelo de produção agrícola capitalista* (um 'modelo produtivista'), ganha relevância no MST, sobretudo quando sua militância e dirigentes passam a construir a Via Campesina Internacional. Será nesta convivência com as organizações, em especial as Europeias, que amadurecemos nossa visão mais crítica aos aspectos ambientais resultado da exploração da natureza e as dimensões produtivista do modelo agrícola. Note que a construção da VC se dá no início dos anos [19]90, sendo a Via constituída em 1992. (Santana, 2024, p. 33-34, destaques do entrevistado)

É no desenrolar deste processo que o MST vai acumulando, aprendendo, sintetizando e elaborando sobre a questão ambiental desde o chão concreto da luta pela reforma agrária ao longo dos anos de 1990.

Depois de 1992, tendo como marco os debates e a luta no contraponto da ECO-92, os temas ligados à questão ambiental aparecem com mais frequência e de forma mais ampla, seja nas pautas de negociação com o Estado brasileiro, como o exemplo citado anteriormente que reivindicava políticas e fomento ao cuidado ambiental para os assentamentos, até na elaboração de propostas relacionadas a essas pautas.

O debate da agricultura alternativa começa a ganhar corpo dentro do MST, na medida em que o enfrentamento com o inimigo se qualifica. Neste período já se desenha o que mais tarde se tornaria o agronegócio, que, articulado ao latifúndio, tornou-se o principal inimigo dos povos do campo. Portanto, o processo de crítica ao modelo de desenvolvimento da agricultura capitalista impulsiona a construção de propostas com base nos movimentos populares, para se contrapor às contradições decorrentes deste processo.

Exemplo desse avanço e esforço é a construção da Bionatur em 1997, cooperativa de produção de sementes crioulas, que tem como objetivo garantir a soberania na produção de sementes para a base do MST, entendendo que uma forma de enfrentamento ao modelo do capital no campo se dava na luta pelo controle da diversidade e patrimônio genético a partir dos povos.

"Plantando, seremos milhões": a síntese dos acúmulos do movimento no tema ambiental na virada do século

Como parte deste percurso do MST na década de 1990, temos a realização da campanha "Plantando, seremos milhões", que pode ser entendida como uma síntese dos acúmulos do Movimento na temática ambiental. Sua realização e reflexão, bem como o que propõe para a sociedade, é um dos exemplos mais concretos do amadurecimento deste debate dentro da organização.

Essa foi uma campanha nacional que o MST organizou em 1999, e que teve como objetivo impulsionar o plantio de árvores nas áreas de assentamento e acampamento em todo país. Mais do que isso, esta campanha propunha promover um amplo debate em torno do cuidado com o meio ambiente com um processo de articulação e mobilização com a base social do MST e também com o conjunto da sociedade, passando pela dimensão do embelezamento dos territórios até chegar na produção de alimentos:

> Nosso objetivo é contribuir na formação da consciência do ser humano. Precisamos preservar a natureza em vez de envenená-la ou de tratá-la como mera mercadoria. Juntos podemos construir um futuro melhor. Florestar significa cuidar do ambiente e defender a vida. Propomos que todos os trabalhadores e todas as trabalhadoras, do campo e da cidade, plantem árvores. Não apenas uma, mas cada um deve plantar 19 árvores. (MST, 1999, p. 9)

Este trecho da cartilha, também nomeada de "Plantando, seremos milhões", mostra a profundidade que o debate ambiental já tinha adquirido no fim dos anos 1990. O ato simbólico de manter vivos os companheiros assassinados no massacre de Eldorado dos Carajás (PA) em 1996 por meio do plantio de árvores demonstra que havia ali um sentido político neste ato.

Ao afirmar que cuidar do meio ambiente também é cuidar da vida das pessoas, nota-se o entendimento do MST de que o ser humano é parte integrante da natureza e, portanto, seria preciso o cuidado e a defesa da vida como um todo, restabelecendo, do ponto de vista da proposta, a relação entre a sociedade e a natureza como um processo de coevolução e como um metabolismo socioecológico.

Obviamente que isso não significou uma mudança abrupta da prática de milhões de pessoas no fazer da agricultura. Mas ali, o MST já demonstrava a compreensão da necessidade de estabelecer outro tipo de relação com o meio ambiente, relação qualitativamente melhor que a imputada pela forma capitalista de produzir e fazer agricultura.

Na época, houve um grande esforço organizativo para que se fizessem diversas ações em torno da temática ambiental, pois o ato de fazer, de agir, na pedagogia do movimento, é fundamental para o processo de aprendizagem e construção de novas formas de se relacionar e de produzir.

Neste sentido, foi construída uma série de orientações de possíveis ações que envolvessem a base, lá no chão concreto do assentamento e do acampamento, para que os objetivos da campanha fossem alcançados e que a semente de uma nova cultura ambiental fosse irrigada com luta, cultura, educação e mística, tais como:

- trabalhar nas Escolas o tema florestamento;
- fazer pequenos viveiros nas Escolas, nos Assentamentos, nas Associações ou Cooperativas, nos Grupos dos Pequenos Agricultores;
- discutir uma área de preservação ambiental (reserva) em cada assentamento;

> - plantar em todas as moradas árvores frutíferas e árvores de sombra;
> - organizar em todas as moradas uma horta;
> - organizar em todas as moradas um jardim;
> - fazer campanhas ou marcar o dia voluntário de recolhimento de materiais que poluem a natureza (embalagem de veneno, garrafas e copos plásticos, lata);
> - cultivar em áreas para proteger nascentes e ao longo da margem dos rios;
> - plantar uma árvore quando nasce um filho, um neto.
> - plantar árvores em torno do cemitério, relembrando a continuidade da vida;
> - envolver todas as pessoas da comunidade (crianças, jovens, adultos e a terceira idade) nas ações de florestamento (plantio e cuidado);
> - organizar em todos os assentamentos um grande pomar. (MST, 1999, p. 14-15)

A partir do IV Congresso Nacional, em 2000, com os acúmulos diversos em torno da então já nomeada Agroecologia, o MST assume em seus documentos a linha política de construção de uma outra forma de fazer agricultura, com uma outra base tecnológica que permitisse uma relação saudável entre sociedade e natureza.

Agora, para além da distribuição de terras e das condições para gerar renda para as famílias assentadas, se pautava a ruptura com o modelo de produção do capital no campo, por meio da construção de relações saudáveis com o meio ambiente que também promoveria relações saudáveis com os seres humanos.

Esse processo foi fundamental para a formulação do Programa de Reforma Agrária Popular do MST, em 2014. Além disso, está na base da construção das diversas experiências concretas relacionadas à produção de alimentos saudáveis desenvolvidas pelo MST.

Para tanto, é válido ressaltar, que a perspectiva da agroecologia, baseada nos pilares da cooperação e da agroindustrialização, está combinada com a própria luta pela terra, para que seja possível avançar em qualquer uma dessas dimensões mencionadas. Da mesma maneira, reafirma a reforma agrária como pré-condição para avançar na produção de alimentos no Brasil. Esta é uma das bases que qualificam a leitura do MST de uma reforma agrária clássica para uma reforma agrária de caráter popular.

A mudança, reiteramos, é fruto de um processo de aprendizagem e de leitura da realidade ainda em curso, diz respeito ao paradigma da forma de se relacionar com a natureza que rompe com a lógica da produção de lucro e coloca a vida saudável como centralidade, sem significar um retorno ao passado onde não haja incorporação de tecnologias e trabalho cooperado em escala.

A Agroecologia e a Reforma Agrária Popular como estratégia política dos movimentos sociais diante da crise ambiental

Por se tratar de um movimento social composto em sua origem por camponeses é que a agroecologia é ao mesmo tempo uma prática ancestral e uma novidade política, cultural e científica. Os agricultores, historicamente, sempre souberam mediar sua existência enquanto seres que fazem parte da natureza, que dominavam vastos conhecimentos climatológicos, geográficos, botânicos, e outros, em parte aprendizados ancestralmente repassados, outros tantos baseados no empirismo, de experimentação entre tentativa e erro, mas o fundamental é que a fratura metabólica (Moura, 2021) que rompe com a relação sociedade-natureza encontra resistência para se concretizar completamente no campesinato e povos originários, na medida que estes buscam manter seus vínculos com a terra, território, trabalho familiar e comunitário e com seus costumes e modos de vida, sua cultura.

Nestes modos de vida, a relação embrionária com a agroecologia está presente em muitos roçados de camponeses que lutavam para manter um pedaço de terra sob seus cuidados. Princípios básicos como o pousio da terra, a rotação e a diversidade de culturas para manutenção da saúde e fertilidade do solo, a relação com o todo do ecossistema, da fauna e da flora, a leitura das fases da lua, das estações secas e chuvosas, fazem parte de uma sistematização científica, mas principalmente popular, do manejo da agricultura, quando o convencional era produzir equilibradamente para o sustento e para o consumo local, no sentido oposto aos atuais pacotes tecno-químicos que ganham cena depois das Guerras Mundiais.

Antes de 2014, a luta pela terra e pela reforma agrária já passava por um profundo processo de revisão nos espaços do movimento, diante da mudança no perfil das classes dominantes no campo. O latifundiário clássico agora era substituído pela figura do empresário e do banqueiro, representantes dos interesses do capital financeiro e das grandes empresas transnacionais. Logo, a forma de fazer o enfrentamento e a luta precisavam ser atualizados.

Ao mesmo tempo, diversas iniciativas nos assentamentos conquistados começavam a ganhar fôlego. A partir da educação do campo, da conquista de cursos de Ensino Superior, da organização das mulheres e da necessidade de experimentar formas diferentes de manejo diante das diferentes realidades dos ecossistemas brasileiros, a agroecologia vai ganhando mais força. Um dos maiores exemplos disso são os quintais agroecológicos, cultivados pela família, mas principalmente pelas mulheres, que ajudam a incorporar mais a biodiversidade à agricultura.

Neste contexto, ganham evidência as lutas políticas de enfrentamento à ação do capital. Em oito de março de 2006, cerca de 1800 mulheres da Via Campesina realizaram um protesto histórico contra a Aracruz Celulose, no Rio Grande do Sul. Na ação, foram destruídas mudas e sementes de eucalipto para denunciar o avanço deste tipo de monocultivo e os impactos que ele traz para o solo. No ano seguinte, em uma ocupação da Via Campesina em Santa Tereza do Oeste, no Paraná, Valmir Mota de Oliveira, o Keno, foi assassinado pela milícia armada da Syngenta. Mais de 500 tiros foram disparados contra as 150 famílias acampadas.

Este período coincide com a criação de diversos instrumentos de educação focados em agroecologia, como o Instituto de Agroecologia Latino-Americano Amazônico (Iala Amazônico) em 2009, no Pará, a Escola Latino-Americana de Agroecologia (Elaa) em 2005, no Paraná, o Instituto Educar em 2005, no Rio

Grande do Sul e a Escola Popular de Agroecologia e Agrofloresta Egídio Brunetto (Epaaeb) em 2013, na Bahia. A proposta de educação que orienta esses instrumentos visa construir um corpo de técnicos populares oriundos dos movimentos camponeses que dominem a práxis agroecológica e a construa em seus territórios.

Logo, a própria agroecologia e os enfrentamentos realizados entre movimentos populares e o capital financeiro, somados às conquistas obtidas para a formação dos camponeses na perspectiva agroecológica, vão colocando novos ingredientes sobre que tipo de reforma agrária seria necessária no país.

No acirramento da luta de classes, a questão ambiental permeia toda a luta pela terra empenhada pelos povos contra os interesses das transnacionais aliadas às classes dominantes no Brasil e no mundo. Nesta aliança entre os diferentes setores da burguesia e pela própria configuração da estrutura brasileira, seja ela no campo, seja na cidade, não havia possibilidade de realização de uma reforma agrária do tipo clássica, uma vez que os interesses do bloco hegemônico eram diferentes do contexto de outros países, onde a própria burguesia interna realizava as reformas necessárias para avançar no desenvolvimento das forças produtivas.

Em contrapartida, a própria concepção do campesinato, em especial do MST, também se modificará. Percebe-se que apenas a democratização das terras não daria conta de superar a imensa desigualdade social instaurada no país e que a pauta de reivindicações já era mais do que isso: a terra era central para que os camponeses pudessem garantir sua função social de produzir alimentos, mas era preciso que esses alimentos fossem saudáveis e livres de veneno. E que, além de produzir comida sadia, era preciso que o campo tivesse condições de vida digna, com saúde, educação, cultura, esporte, entre outros.

Depois de 2014, em 2025, após 11 anos, um novo Programa de Reforma Agrária Popular foi aprovado pelas instâncias diretivas do MST, para dar sequência ao processo dialógico entre teoria e prática. Neste programa, a agroecologia ganha importância estratégica na medida em que a análise sobre a crise ecológica que a humanidade vive vai se confirmando como verdadeira. Neste sentido, ela aparece enquanto matriz tecnológica e modo de vida que precisa ser massificada entre os povos do campo, das águas e das florestas, combinada com uma matriz energética diversificada e socialmente justa, enquanto ferramenta e parte de um projeto pautado na relação sociedade-natureza sem exploração, espoliação ou qualquer forma de opressão.

Como ferramenta, ela foi fundamental para o avanço do cooperativismo e da produção agrícola em áreas onde o impacto no solo, nas águas e na biodiversidade pareciam irreversíveis. A transformação da paisagem antes e depois de assentamentos e acampamentos com práticas agroecológicas e a produção de agroecossistemas mais resistentes aos impactos dos eventos climáticos extremos são os principais exemplos disso. Um exemplo emblemático é o caso do assentamento Integração Gaúcha, em Eldorado do Sul (RS), onde o manejo adequado do solo permitiu manter sua qualidade praticamente inalterada, mesmo diante das severas enchentes que assolaram o estado (Audi, 2024).

Enquanto projeto, é o que orienta a organização das jornadas e encontros de agroecologia em diversos estados, para troca de sementes, feira, cultura e arte e também para a luta contra a crise ecológica com diferentes setores da sociedade civil, especialmente para chamar atenção para o desmatamento nos diferentes biomas, os períodos longos de estiagem e de chuvas intensas causados.

Ou seja, para além do que se evidencia pelos documentos do MST, que ajudam a comprovar na história e a partir de suas definições políticas sobre como essa organização de trabalhadores e trabalhadoras foi avançando em sua concepção sobre agroecologia, o que vale destacar é a prática política que fundamenta sua elaboração, por meio do entendimento de que a agroecologia é um movimento dentro do contexto da luta de classes.

Resultante desta práxis está o avanço sobre questões historicamente enfrentadas pelo campesinato na busca por garantir sua produção e reprodução material, como a agricultura de subsistência, para consumo próprio, mas também de cumprir a função social da terra com produção de alimentos para o abastecimento interno, ou seja, a necessidade ampliar a escala agrícola. Antes entendida como um tabu, agora a escala ganha dimensões estratégicas, especialmente no contexto de crises constantes do capital que afetam o preço dos alimentos.

Para tanto, alguns aspectos são fundamentais: a mecanização agrícola para aumento da produtividade e elevação da qualidade de vida no trabalho agrícola, a produção autônoma e soberana de sementes e mudas sob controle dos povos e a organização da cadeia produtiva com o componente arbóreo também como centralidade, à exemplo das agroflorestas.

E dentro desta compreensão, há princípios que também foram sendo desenvolvidos, pois a necessidade de melhorar a produtividade combinada com facilitação do trabalho está centrada na qualidade de vida dos trabalhadores, mas na sua própria humanização, no envolvimento destes que estão no cerne da agricultura de base familiar, mas pouco reconhecidos, como as mulheres, a juventude e sujeitos LGBTI+. Há um desafio posto no campo e na cidade, para superar a violência contra estes sujeitos, e sabendo disso é que o MST chega na formulação de que "não se produz alimentos saudáveis em relações doentes", enquanto demarcação do enfrentamento às violências, mas também a toda forma de adoecimento. Mais do que apenas remediar, a busca está por fazer da agroecologia também uma ferramenta que alcance a emancipação humana, o ser e a sociedade plenos e livres em todas as dimensões da vida.

Disto resultam os esforços cada vez maiores em temas como a massificação da agroecologia e do plantio de árvores, de processos educativos centrados numa perspectiva agroecológica, e na busca pela multiplicação das técnicas e tecnologias que ampliem seu uso na agricultura de forma mais diversa, como a mecanização para a agricultura camponesa e familiar, os bioinsumos e tantas outras iniciativas que o MST vem desenvolvendo, inseridas na compreensão de que é preciso ter mais agroecologia para enfrentar a crise ambiental em curso.

Plantar árvores, produzir alimentos saudáveis

> *"O problema da árvore e da floresta é exclusivamente o de equilíbrio e harmonia entre o indivíduo, a sociedade e a natureza. Essa luta é possível. Não nos afastemos da imensidão da tarefa..."*
> Thomas Sankara (2023)

Como ressaltado anteriormente, o enfrentamento das questões ambientais não é um tema recente para o MST. A degradação ambiental resultante do modelo do latifúndio e do monocultivo em áreas posteriormente transformadas em assentamentos de reforma agrária implicou na necessidade de adoção de novas práticas para reverter essa realidade. Da mesma forma, os impactos provocados pela expansão do capital sobre o meio ambiente e as populações também não são desafios inéditos para o Movimento.

Atualmente, temos vivido o acirramento das contradições inerentes à crise estrutural do capitalismo, cuja hegemonia tem imposto um ritmo e uma intensidade crescentes na exploração dos bens comuns da natureza, pautados na mercantilização e financeirização do meio ambiente. Como consequência, os impactos ambientais tornam-se cada vez mais severos, evidenciando contradições e incertezas.

Os efeitos dessa dinâmica são facilmente perceptíveis no cotidiano, manifestando-se em eventos extremos como secas, queimadas, chuvas intensas e perda de biodiversidade, entre outros exemplos que ilustram a gravidade da crise ambiental em curso. Além disso, essa crise tem impactado de forma mais severa trabalhadores que vivem nas cidades e agricultores camponeses, expondo uma agenda de desigualdades.

As causas não são desconhecidas, embora frequentemente escamoteadas sob a noção de "vingança da mãe natureza", em uma tentativa de naturalizar tais fenômenos. Na realidade, a exposição aos impactos dos eventos climáticos tem sido agravada por práticas históricas de gestão e uso inadequado da terra, da água, da energia e da biodiversidade. Essas práticas estão intrinsecamente ligadas a um modelo produtivo hegemônico no campo, que, na busca incessante pelo lucro e produção de *commodities*, depende da constante expansão de suas fronteiras. Essa dinâmica, por sua vez, tem alcançado níveis cada vez mais brutais, intensificando os efeitos das mudanças climáticas e colocando em risco o equilíbrio ambiental e social.

É nesse contexto, diante da necessidade de compreender e enfrentar as contradições postas pela relação com os bens comuns da natureza, que o MST organiza sua atuação. Tais contradições, elementos centrais na luta de classes, demandam que as organizações populares criem e impulsionem avanços qualitativos e ferramentas que permitam responder aos desafios colocados por cada momento histórico.

Essa capacidade de análise e estruturação exige a habilidade de propor soluções concretas que compõem a forma de organização popular estruturada em discussões e deliberações táticas e estratégicas. Ou seja é preciso que essas ações não apenas decifrem a realidade e apontem suas contradições, mas também gerem conquistas materiais e políticas que fortaleçam passo a passo construção de um projeto de sociedade baseado na agroecologia e na Reforma Agrária Popular.

Se a Reforma Agrária Popular representa a disputa de projetos na sociedade, conforme fundamentado no Programa Agrário do MST (MST, 2025), a atuação do MST não poderia se restringir a experiências pontuais, mas deveria ser compreendida como um processo contínuo e transformador, que busca consolidar um novo paradigma de desenvolvimento no campo. Assim, compreendendo a necessidade de se colocar em posição de denúncia, mas também de afirmação, o Movimento lançou, em janeiro de 2020, durante a Reunião da Coordenação Nacional do MST, em Sarzedo (MG), o Plano Nacional Plantar Árvores, Produzir Alimentos Saudáveis, que se propõe a plantar 100 milhões de árvores em todo o Brasil.

A formulação desse Plano está baseada na trajetória histórica do MST e na forma como a questão ambiental foi sendo incorporada ao longo do tempo, conforme discutido na primeira parte deste capítulo. Além disso, sua concepção leva em conta os desafios estruturais e conjunturais que marcam o atual cenário.

Nesse sentido, o Plano estabelece cinco grandes objetivos gerais (MST, 2020):

> 1. Denunciar as ações e planos de destruição ambiental promovidos pelo modelo do agronegócio e da mineração;
> 2. Construir, tanto internamente no MST quanto na sociedade, o entendimento de que a reforma agrária é sinônimo de i) alimentação saudável e ii) cuidado dos bens comuns da natureza – água, biodiversidade, solo;
> 3. Realizar nos territórios de reforma agrária o plantio de árvores e recuperação de áreas degradadas por meio da implementação de agroflorestas, quintais produtivos e outras práticas;
> 4. Estruturar cadeias produtivas de produtos florestais madeireiros e não madeireiros;
> 5. Elevar o nível de consciência ambiental na base do movimento e na sociedade como um todo.

Dessa forma, para além da ação concreta de plantio de 100 milhões de árvores, a constituição desse Plano tem representado uma oportunidade estratégica para aprofundar o debate junto à sociedade e com a base do MST, abordando temas fundamentais como a massificação da agroecologia, a conservação dos bens naturais e o enfrentamento à expansão do capitalismo sobre a natureza e as pessoas.

Plantar árvores como estratégia na Reforma Agrária Popular

Para o MST, a Reforma Agrária Popular se propõe a uma transformação radical no campo, ou seja, promover mudanças estruturais tanto na relação com os bens da natureza quanto na organização da produção e nas relações sociais no campo. É essa base que orienta o "plantar árvore, produzir alimentos saudáveis".

O primeiro fundamento consiste na produção de alimentos saudáveis, visando atender às necessidades do povo brasileiro, tendo como premissa central a soberania alimentar.[10] Associar a produção de alimentos com o plantio de árvores não apenas amplia a diversidade produtiva, mas também se torna uma condição essencial para potencializar o cuidado com o solo e com a água. Ana Primavesi (2002) reforça que a saúde do solo depende diretamente da diversidade de plantas. Dessa forma, integrar o plantio de árvores a diferentes práticas agroecológicas promove o aumento da interação benéfica entre os milhares de organismos presentes no ecossistema. Essa dinâmica enriquece a troca entre solo e ar, fortalece a vida no solo, acelera a decomposição da biomassa e amplia a produção de matéria orgânica.

O segundo fundamento reside no cuidado com os bens comuns da natureza – água, terra, solo, biodiversidade, minérios e outros. Conceituar essa relação como "cuidado" evidencia a contribuição das relações sociais camponesas, que se configuram como práticas de manejo da natureza alinhadas aos interesses e demandas coletivas. Tais práticas, construídas ao longo da história, moldaram a interação entre ser humano e natureza, possibilitando a produção de uma imensa diversidade de culturas, hábitos alimentares e sistemas agrários. Essa coevolução, na qual o ser humano, por meio de seu trabalho, transforma a natureza exterior e, simultaneamente, transforma a si mesmo, permitiu o desenvolvimento das mais diversas potencialidades e capacidades, fundamentais para a constituição da vida tal como a conhecemos hoje (Moura, 2021).

Da mesma forma, a compreensão de "bem comum da natureza", e não meramente "recursos naturais" ou "riquezas naturais", eleva-os a uma noção que transcende a ideia de matéria-prima para a produção de mercadorias (SPCMA, 2020). Conceituá-los dessa maneira implica reconhecer que se trata de algo de uso compartilhado e coletivo, organizado e mantido por lógicas e relações

10 Soberania Alimentar é um conceito formulado pela Via Campesina em 1996, como contraponto ao modelo agroindustrial globalizado dos sistemas alimentares. Esse conceito tem como fundamento o direito dos povos a definir como, por quem e para quem se produz, compreendendo os alimentos como direito e não como mercadoria.

distintas das formas de apropriação capitalista. Essa perspectiva está pautada na garantia dos interesses populares, tanto das gerações atuais quanto das futuras.

Avançar sobre estas concepções é o que permitiu o MST e demais movimentos populares a posicionar sua crítica sobre formulações que antes eram amplamente utilizadas, como "sustentabilidade", pois não se trata de preservar partes da natureza para, supostamente, possibilitar a destruição do restante dela, tampouco de diminuir o ritmo de apropriação da natureza pelo capital – algo que, sabemos, vai contra sua própria lógica. Este conceito parte do entendimento do capital financeiro, que entende a natureza e o ser humano enquanto recursos para o desenvolvimento sob a perspectiva mercadológica, portanto, não interessa às organizações populares. Por isso a importância de uma formulação que parta dos povos, pautada na compreensão de que os bens são comuns e estão dentro da natureza.

Essa síntese, baseada em uma história de coevolução social e ecológica entre ser humano e natureza, buscando produzir alimentos a partir de práticas agroecológicas, ao mesmo tempo que se cuida do meio ambiente, reafirma o lugar do plantio de árvores como um paradigma de um outro tipo de desenvolvimento econômico, social, político e cultural do campo.

As diferentes fases de construção: um caminho de semeaduras

Ao denominar essa iniciativa como um Plano Nacional, o Movimento Sem Terra sinaliza que se trata de uma ação de longo prazo, estruturada em diversas etapas. A construção desse plano, a partir de uma perspectiva estratégica, exigiu a definição de objetivos, diretrizes e ações a serem desenvolvidas dentro de um período determinado. Considerando a natureza do plantio de árvores e suas especificidades, esse horizonte temporal foi estabelecido em 10 anos.

Como parte do processo de mobilização e internalização, ao longo dessa década foram planejadas diversas campanhas de plantio. O termo "campanha", por seu caráter pontual, refere-se a diferentes ações específicas inseridas dentro do escopo mais amplo do Plano Nacional.

Nessas diferentes fases, o Plano se organizou para atuar com dois públicos diferentes. Com a sociedade, deveria promover a divulgação das ações de conservação ambiental já realizadas pelo MST, bem como das iniciativas futuras, assim como organizar plantios em praças, parques e periferias dos municípios onde o Movimento está presente, por meio de mutirões que envolvam as comunidades locais e suas organizações. No interior do MST, com sua base social, cooperativas, associações, centros de formação, escolas do campo e grupos coletivos – incluindo mulheres, jovens –, existe a proposta de incentivar a prática simbólica e coletiva do plantio de árvores, quintais produtivos, agroflorestas, ações de recuperação de nascentes, entre outras.

Diversas etapas e fases estruturaram esse processo nos 24 estados onde o MST está organizado.[11] A primeira delas foi o planejamento, essencial para definir os caminhos a seguir. Isso incluiu a realização de diagnósticos das condições ambientais, a identificação de áreas prioritárias para recuperação – como nascentes, margens de rios e encostas de morros – e o estabelecimento de metas concretas para o plantio de árvores. Paralelamente, foram definidos arranjos produtivos agroecológicos que integrassem as árvores como componentes centrais, tais como sistemas agroflorestais, quintais produtivos, policultivos, entre outros. Mesmo diante dos desafios impostos pela pandemia da covid-19, esse período foi fundamental para consolidar processos organizativos, formativos e produtivos junto à base do MST em torno do Plano Nacional.

Em um contexto pós-pandemia, e sem perder de vista a magnitude da tarefa assumida, o Plano Nacional se reorganiza em algumas dimensões. A primeira delas está relacionada à compreensão da questão ambiental como tática da luta pela terra e pela Reforma Agrária Popular, como já abordamos no início do capítulo. Outra, diz respeito ao plantio de árvores como uma dimensão produtiva que gera renda e produz comida saudável,

---

11 O MST não está presente apenas nos estados do Acre, Amazonas e Amapá.

tanto para as famílias sem-terra quanto para a sociedade em geral. Há também a defesa dos bens comuns e a denúncia das ações do capital, que promovem a privatização e a exploração predatória da natureza e dos territórios camponeses, indígenas e quilombolas. Por fim, temos a ampliação da relação com a sociedade, por meio de um processo contínuo de articulação e de posicionamento do MST diante do debate ambiental.

Essa reorganização destacou duas dimensões centrais que deveriam ser potencializadas: seguir organizando jornadas de plantio, alinhadas a datas emblemáticas do calendário ambiental – como dia dos biomas, dia da árvore, dia do meio ambiente – e avançar na articulação entre o plantio de árvores, soberania alimentar e geração de renda. Essa articulação se concretizaria por meio de iniciativas como as casas de sementes, viveiros de mudas e sistemas agroflorestais.

Como chave para ter autonomia, essa estratégia produtiva agroecológica reforçou a necessidade de consolidar uma rede de viveiros de mudas e sementes da Reforma Agrária Popular, integrando a diversidade de experiências – desde viveiros artesanais até estruturas mais complexas – e promovendo o uso múltiplo dessas estruturas, com produção de mudas nativas, frutíferas, ornamentais, hortaliças, temperos, articuladas com as cadeias produtivas locais.

Além disso, esse processo envolveria a construção do conceito de agroflorestas do MST, a partir da diversidade dos biomas brasileiros, sobretudo no Cerrado e na Caatinga, tanto em termos produtivos quanto culturais e alimentares. Isso implicaria avançar nas linhas produtivas principais de cada estado, como cacau, café, frutas, mel, castanhas, entre outras.

Diante de novos desafios impostos pelo agravamento da crise ambiental e pela urgência de combater a fome, o MST reafirma o compromisso com a agroecologia e a necessidade de avançar estrategicamente em escala. Isso significa construir um caminho de massificação – ou seja, organizar e mobilizar o maior número possível de famílias – para ampliar a produção de alimentos saudáveis e promover uma ampla transição agroecológica. Essa transição deve ter como premissa a popularização de tecnologias que contribuam efetivamente para superar os desafios enfrentados pelos camponeses em seus sistemas produtivos, como bioinsumos, energias renováveis e mecanização adequada, sob uso e controle dos trabalhadores e em cuidado com os biomas.

Conjugando atividades de mobilização e plantio, o MST tem realizado um conjunto de ações, como por exemplo a semeadura de toneladas de sementes da palmeira juçara (*Euterpe edulis*) no Paraná. Típica do bioma Mata Atlântica, a juçara encontra-se sob risco de extinção em decorrência de décadas de exploração ilegal voltada à extração de palmito. A prática de semeadura em escala, combinada à articulação e mobilização de assentamentos, acampamentos e escolas do campo materializa a estratégia do Plano Nacional de aliar o cuidado com a natureza, a soberania alimentar e a geração de renda.

Diante desse cenário, a articulação entre o plantio de árvores e a produção de alimentos saudáveis consolida-se como um caminho irreversível para o MST. Territorializado entre os assentamentos, acampamentos, escolas do campo, escolas de agroecologia, coletivos de juventude e mulheres, centros de formação, cooperativas, mas também nas cidades, o Plano Nacional assume um caráter que vai além da simples quantificação de árvores plantadas. Ele revela um potencial transformador, ao compreender que o ato de plantar árvores, uma prática histórica camponesa, pode se tornar uma ação política quando intencionalizada a partir de um projeto de sociedade.

Para isso, tem se tornado central avançar na batalha das ideias. Tal batalha parte da compreensão de que o modo de produção capitalista, hegemônico também ideologicamente, constitui uma série de valores, símbolos, representações e conceitos que ofuscam as relações materiais que ele estabelece com a natureza. Neste sentido, torna-se necessário construir uma perspectiva popular sobre a questão ambiental que apresente, também no campo das ideias, valores, símbolos, representações e conceitos alternativos, ao mesmo tempo em que denuncia os verdadeiros responsáveis pela crise ambiental, bem como as novas frentes de acumulação do capital sobre a natureza.

Essa construção tem demonstrado que, mais do que reflorestamento – algo que o agronegócio também é capaz de realizar –, o Plano do MST é vinculado à agroecologia e a uma perspectiva de restauração ecológica que tenha como premissa a produção de alimentos saudáveis, a geração de renda e com participação popular na perspectiva de um projeto político, de uma sociedade que supere o capitalismo.

Trata-se, portanto, da constituição de uma cultura política ambiental e agroecológica, baseada na cooperação, na formação, na educação e na perspectiva de uma relação de equilíbrio entre ser humano e natureza. Ao mesmo tempo, o Plano reafirma a Reforma Agrária Popular como esse projeto necessário e urgente para a superação da crise ambiental.

CONCLUSÃO

No complexo de relações que surgem no contexto da "crise ambiental" e "climática", os questionamentos se tornam muitos e extrapolam os domínios das ciências atmosféricas. Um fenômeno que se estabelece cientificamente ganha amplitude, e o que se encontra é uma complexidade política e econômica sobre a qual já não se pode tratar apenas como um assunto da Meteorologia física, mas sim compreendê-lo como expressão das contradições do capitalismo contemporâneo.

Em contraste com a multiplicidade de informações e produções científicas que atestam o "aquecimento global de origem antrópica", as incertezas pairam quanto aos encaminhamentos políticos a serem adotados, não apenas no âmbito internacional das Conferências das Partes, mas, de forma mais dramática, no que se refere às políticas públicas de adaptação territorial frente às mudanças climáticas em curso. Neste sentido, os riscos se impõem tanto pelas próprias decorrências das mudanças do clima quanto por sua relação inerente às questões políticas e econômicas e, evidentemente, o que se desdobra a partir disso. Espoliações sistêmicas, "destruições criativas", inovações tecnológicas e ajustes em sistemas produtivos, ressignificação das florestas e ativos financeiros compensatórios são alguns dos processos intrínsecos à dinâmica histórica do capital que ganham novos contornos no contexto do regime político das mudanças climáticas.

Como analisado ao longo do livro, para que emissões de GEE (ou as sobras da produção) se convertessem em mercadorias dotadas de valor de uso específico, o Estado assume um papel central na conformação da economia de baixo carbono, apoiado na ação regulamentadora das Nações Unidas.

Insolitamente, nas últimas duas décadas, observou-se o movimento de grandes corporações, acostumadas às suas degradações ao ambiente, incorporarem em seus meios produtivos ajustes ligados às mudanças climáticas, especialmente no que se refere à transição energética e à economia de baixo carbono. As diversas "barreiras" para a economia criadas no contexto das mudanças climáticas convertem-se, dentro da perspectiva desta economia que se forma em torno das mudanças climáticas, em novos canais de acumulação de capital.

Os procedimentos de reorganização produtiva, de inovações tecnológicas, os projetos de carbono florestal, além dos inúmeros serviços especializados que surgem nesse contexto – especialmente os ligados à metrificação do estoque ou da redução de carbono –, se relacionam com novos ativos financeiros de caráter rentista.

O movimento histórico intrínseco a esse processo revela-se em um momento particular de acumulação do capital dentro das atividades entendidas como "mitigadoras". Surgem, assim, novos mecanismos pelos quais este capital penetra nos territórios mais porosos e favoráveis a compensar emissões de gases de efeito estufa.

Verifica-se que as medidas político-econômicas que resultam na conformação da economia de baixo carbono manifestam-se como uma forma particular de controle territorial, amparada por determinada visão sobre o clima e suas transformações, assim como por uma política voltada à metrificação de emissões de carbono.

Neste contexto, em que ações "mitigatórias" são viabilizadas pelas políticas de metrificação, surgem novos ajustes espaciais, inovações tecnológicas e a ressignificação econômica de certos territórios (especialmente os com florestas), que possibilitam a redução de emissões, ao mesmo tempo em que as empresas que investem nesse mercado se apropriam de lucros extras.

Evidentemente, existem aspectos positivos, como a substituição de fontes energéticas fósseis por energias menos poluentes, assim como os efeitos positivos quanto à redução do desmatamento da floresta em relação ao papel dos projetos de REDD+. No entanto, a lógica da apropriação privada e da concorrência intercapitalista, fortemente marcada na economia de baixo carbono, vem desencadeando um processo de centralização de capitais, assim como a apropriação de bens coletivos em territórios estratégicos, como visto ao longo do livro.

No contexto da economia verde, as ações de degradação ambiental, próprias de como o capitalismo se desenvolveu ao longo de dois séculos, voltam-se internamente ao processo de acumulação do capital e este passa a incorporar suas incongruências produtivas convertendo-as em novas fontes lucrativas. A necessidade constante que o capitalismo possui de dispor de algo "externo" às suas dinâmicas é atendida, em parte, com a chamada "crise ambiental". É por meio das diversas políticas e difusões ideológicas que tal "crise" vem exercendo pressões sobre modelos produtivos baseados na alta emissão de gases de efeito estufa, impelindo a criação de novos valores de uso – como no caso da ressignificação econômica das florestas – e o surgimento de novas oportunidades lucrativas dentro da busca incessante por uma mais-valia relativa.

O que Rosa Luxemburgo (1983) tratou como um "meio ambiente de formações sociais não capitalistas", enquanto condição histórica para a reprodução ampliada do capital, ganha novo significado no atual contexto do capitalismo verde. O "meio ambiente exógeno", neste caso, surge tanto pela via da reincorporação dos resíduos indesejáveis dos sistemas produtivos – isto é, na incorporação de não valores no circuito de reprodução do capital – quanto pela atribuição de novos valores à floresta e sua diversidade.

A partir de um ponto de vista histórico sobre a natureza, o processo de apropriação privada de bens coletivos, particularmente das florestas, revela-se enquanto uma acumulação por despossessão, tal como Harvey (2004b) a descreve; a chamada acumulação primitiva passa a ser entendida como um movimento interno ao desenvolvimento em curso do capitalismo.

No caso dos bens coletivos que envolvem as florestas e seu suposto papel na mitigação das mudanças climáticas, particularmente por meio dos projetos de REDD+ e pelo Pagamento por Serviço Ambiental, inclui-se, além da apropriação dos "serviços ecossistêmicos", a apropriação do trabalho pretérito que constituiu as florestas historicamente.

Sobre isso, vale mencionar o aspecto invisível presente neste processo de acumulação por despossessão que, em linhas gerais, envolve a apropriação de substâncias químicas e biológicas presentes na fixação do carbono florestal e que passam a ter novos usos no interior da economia de baixo carbono. De um microambiente, estes processos passam a existir enquanto valor de troca, especialmente por meio da apropriação das florestas no contexto das mudanças do clima e sua decorrente conversão em ativos financeiros compensatórios de GEE.

O aspecto peculiar das mercadorias que surgem neste contexto remete-se não apenas a outras escalas temporais, considerando o trabalho pretérito que necessita compensar futuramente (nos mercados *ad hoc*) parte de sua produção – especificamente suas emissões –, mas, também, se remete a uma relação entre escalas geográficas que reproduz a velha relação Norte-Sul.

Se, por um lado, essa grosseira divisão geográfica se torna irrelevante ao se tratar de mudanças climáticas, afinal diferentes regiões são passíveis de sofrerem as ilações do clima, por outro, as relações desiguais de poder entre os países centrais e periféricos se conservam. Essa discrepância não se reduz apenas ao que certa crítica aponta como a venda barata dos serviços ambientais gerada pelos países do Sul para servirem de compensação aos países do Norte. Trata-se, fundamentalmente, de discrepâncias que emergem das contradições que fazem parte da maneira pela qual a economia de baixo carbono se conforma dentro das dinâmicas de acumulação do capital.

Sobre esta divisão e suas particularidades dentro desse contexto, observa-se que o princípio das "responsabilidades comuns, porém diferenciadas" (norteador das principais políticas sobre o tema) não se restringe aos aspectos históricos em relação aos níveis de emissões dos diferentes países. Tal divisão passa por aspectos centrais à geografia, especialmente no que diz respeito às relações centro-periferia que se reproduzem neste contexto. Como discutido ao longo do livro, a maneira como se configura o mercado de carbono (amparado pelo referido princípio) desempenha um papel congênito e novo para a economia. Surge uma espécie de "indulgência ambiental" para os países centrais e industrializados há mais tempo, o que pode ser entendido pela "compra do direito de poluir".

Dentro da economia de baixo carbono, em que a lógica compensatória é regida pela lógica do capital, as potencialidades de lucros extraordinários se alocam onde estão as sobras indesejáveis, bem como onde as degradações são maiores. Estados Unidos e China, principais emissores de gases de efeito estufa, são, ao mesmo tempo, os maiores investidores de "energia limpa" do mundo, como visto no capítulo três.

Em relação ao caso brasileiro, a lógica repete-se de maneira semelhante. Como se sabe, o principal vetor de emissões do país provém do desmatamento e de queimadas de florestas, assim como do uso inadequado do solo. Ao mesmo tempo, o Brasil destaca-se neste cenário por ser um dos principais países que desenvolve projetos de REDD+, sobretudo pela quantidade destas atividades que se concentram nos estados da Amazônia Legal.

Assim, a contradição desmatamento-preservação resulta num processo em que a escassez gerada dentro do próprio desenvolvimento do capital manifesta-se como condição essencial para a geração do valor de troca de projetos florestais de compensação de carbono. Pode-se dizer que a mais-valia que se extrai de atividades como essas, cuja característica é o consumo não produtivo das florestas, provém de uma combinação de distintas temporalidades de trabalho, que passa não apenas por aquele que se dedica a contabilizar estoques de carbono, mas também por aquele desenvolvido fora das relações sociais capitalistas. Sobre esse aspecto, destacam-se os trabalhos realizados pelos movimentos recentes da fronteira que aprofundam o desmatamento, assim como os mais antigos, relacionados à produção histórica da floresta. Trata-se, como discutido ao longo do livro, de uma relação dialética que se conforma entre a destruição e a conservação florestal.

Verificou-se, portanto, que é por meio da combinação dos diferentes trabalhos ligados à floresta e sua decorrente apropriação (particularmente dos trabalhos pretéritos) que se configura um movimento particular de acumulação por despossessão. É preciso considerar que aquilo que vem se denominando "mercantilização da natureza" envolve não apenas a apropriação de fenômenos biofísicos e da diversidade biológica, mas, sobretudo, dos distintos trabalhos relacionados à floresta que são ressignificados no contexto das mudanças climáticas. Notadamente, tal processo está diretamente atrelado a uma maneira particular de se entender o clima e suas transformações, produzindo, assim, uma outra natureza no interior das dinâmicas de acumulação do capital.

Dentro dessa perspectiva, a contradição interior-exterior se estende tanto do ponto de vista geográfico quanto histórico, na medida em que ocorre um alargamento temporal na apropriação do trabalho intrínseco à floresta amazônica, tal como a conhecemos. Verifica-se, portanto, que nesse movimento contraditório, o próprio capital não apenas se apropria de relações não capitalistas como as recupera em outro contexto histórico-geográfico..

Contudo, pode-se dizer que a maneira como vêm sendo constituídas as políticas para as mudanças climáticas, assim como a economia de baixo carbono, reforça a perspectiva que entende o mundo como dividido em duas câmaras, isto é, entre natureza e sociedade. As implicações de políticas distintas e contraditórias entre si que vem reiterando a difusão de uma ideologia geográfica que concebe a natureza como exógena e em vias de desaparecimento é a "existência de múltiplas contradições a serem trabalhadas quando contemplamos nossas responsabilidades perante a natureza, de um lado, e a natureza humana, do outro" (Harvey, 2004a, p. 290).

Entretanto, em lugar da natureza que vem se produzindo atualmente sob os moldes da reprodução ampliada do capital, considerando, evidentemente, as atividades aqui analisadas, cabe a pergunta: que natureza queremos produzir? Isto é, quais as redefinições políticas que se exigem para que se alcance uma socialização do processo de produção da natureza e o decorrente acesso aos bens coletivos constituídos historicamente, como no caso da floresta amazônica?

Sem dúvida que estas questões não se encerram aqui, tampouco podem ser esgotadas em uma única linha de pensamento. A concepção de propostas alternativas de atuações políticas, como a demonstrada pelo MST, entre tantos outros exemplos, levam a atentar para uma reprodução sociometabólica que se opõe àquela imposta pela maneira como o capital se reproduz. O entusiasmo parte das inúmeras experiências de iniciativas populares locais, regionais e nacionais que podem servir como um ponto de partida na busca por transformações radicais nas relações (entre humanos e não humanos) que vêm marcando a violenta geografia histórica do capitalismo.

REFERÊNCIAS

AIGINGER, K. Competitiveness: From a Dangerous obsession to a welfare creating ability with positive externality. *Journal of Industry Competition and Trade*, 6, 2006, p. 161-177.

ABIOVE. Lançamento da Aliança Brasileira Pelo Clima. Disponível em: http://www.abiove.com.br/site/_FILES/Portugues/26072012-182201-bs_edicao019_set09.pdf. Acesso em 19 fev.

ALAYZA, N.; LARSEN, G. Debt is Stifling Climate Action in Developing Countries. *WRI Insights*, Washington, DC: WRI. 22 set. 2023. Disponível em: www.wri.org/insights/debt-climate-action-developing-countries. Acesso em: 03 abr. 2025.

ALAYZA, N.; LARSEN, G. How to Reach $300 Billion – and the Full $1.3 Trillion – Under the New Climate Finance Goal. *Insights*. Washington, DC: WRI. 20 fev. 2025. Disponível em: www.wri.org/insights/ncqg-climate-finance-goals-explained. Acesso em 04 abr. 2025.

ALEIXO, J. O "ecossistema" financeiro de um agronegócio verde facilita a captura de terras e bens comuns no Brasil. *In:* MORENO, Camila *et al. O Brasil na retomada verde*: Integrar para entregar. Brasília: Grupo Carta de Belém, dez. 2021.

ALMEIDA, R. "Empate no Jari". *Pública.* 25 fev. 2015. Disponível em: http://apublica.org/2015/02/empate-no-jari/. Acesso em 01 abr. 2025.

ALVES, F. V.; ALMEIDA, R. G. de; LAURA, V. A. Carne carbono neutro: um novo conceito para carne sustentável produzida nos trópicos. *Embrapa Gado de Corte*. Documentos, 210. Brasília, DF: Embrapa, 2015. Disponível em: www.infoteca.cnptia.embrapa.br/infoteca/bitstream/doc/1056155/1/Carnecarbononeutro1.pdf. Acesso em 10 jan. 2025.

ANTUNES, C. Projeto de carbono: Defensoria do Pará acusa prefeito de Portel de conivência com grilagem. *Sumaúma.* 21 jul. 2023. Disponível em: https://sumauma.com/projeto-de-carbono-defensoria-do-para-acusa-prefeito-de-portel-de-conivencia-com-grilagem/. Acesso em 18 jan. 2025.

ANTUNES, C. COP-29: O agronegócio está no centro da meta climática brasileira, e não gosta disso. *Sumaúma.* 14 nov. 2024. Disponível em: https://sumauma.com/cop-29-o-agronegocio-esta-no-centro-da-meta-climatica-brasileira-e-nao-gosta-disso/. Acessos em 10 fev. 2025.

ARANHA, A; MOTA, J.; VIANA, N. A terra é dos índios. E o carbono, é de quem? *Pública*. 04 mar. 2012. Disponível em: http://apublica.org/2012/03/terra-e-dos-indios--carbono-e-de-quem/. Acesso em: 30 mar. 2025.

ARANTES, P. F. A renda da forma na arquitetura da era financeira. *In:* OLIVEIRA, F. de; BRAGA, R.; RIZEK, C. (orgs.) *Hegemonia às avessas*. São Paulo: Boitempo, 2010.

ARDINAT, G. Competitividade, símbolo dos paradoxos da globalização. *Le monde diplomatique*. edição 210, 2 out. 2012a. Disponível em: https://diplomatique.org.br/competitividade-simbolo-dos-paradoxos-da-globalizacao/. Acesso em 10 jan. 2025.

ARDINAT, G. Compétitivité, territoire et échelles de gouvernance: l'exemple canadien. *Études sociales/Canadian Studies*. v. 72, pp. 115-126. 2012b.

ARRIGHI, G. *Adam Smith em Pequim:* Origens e fundamentos do século XXI. São Paulo: Boitempo, 2008.

ASSOCIAÇÃO KABAN EY. Nota de esclarecimento. Disponível em: https://cimi.org.br/pub/Economia%20Verde/Nota%20de%20Esclarecimento%20Suru.pdf. Acesso em: 18 abr. 2025.

AUDI, A. Produção do MST no Rio Grande do Sul manteve solo preservado mesmo após enchentes. *Pública*. 13 out. 2024. Disponível em: https://apublica.org/2024/10/producao-do-mst-no-rs-manteve-solo-preservado-apos-enchentes/. Acesso em: 3 abr. 2025.

BECKER, Bertha. A Geopolítica na virada do milênio: logística e desenvolvimento sustentável. *In:* CASTRO, Iná; COSTA GOMES, Paulo; CORREA, Roberto. (orgs.) *Geografia:* Conceitos e Temas. Rio de Janeiro: Bertrand Brasil, 1995.

BALÉE, W. The culture of Amazonian forests. *In:* POSEY, D.; BALÉE, W. (eds.). *Resource management in Amazonia*: indigenous and folk strategies. New York: New York Botanical Garden, 1989. (Advances in Economic Botany, 7). p. 1-21

BALÉE, W. *The footprints of the forest*: Ka'apor ethnobotany – the historical ecology of plant utilization by an Amazonian people. New York: Columbia University Press, 1994.

BARROS, I. F. O agronegócio e a atuação da burguesia agrária: considerações da luta de classes no campo. *Serv. Soc. Soc.* (131). jan-abr, 2018. Disponível em: https://doi.org/10.1590/0101-6628.136. Acesso em: 01 abr. 2025.

BBC. "Chávez e Evo culpam capitalismo por clima". *BBC Brasil*. 05 de dez. 2010. Disponível em: https://www.bbc.com/portuguese/noticias/2010/12/101205_chavez_enchentes_capitalistas_mdb. Acesso em 01 abr. 2025.

BHATTACHARYA, A.; SONGWE, V.; SOUBEYRAN, E.; STERN, N. *Raising Ambition and Accelerating Delivery of Climate Finance*. London: Grantham Research Institute on Climate Change and the Environment, London School of Economics and Political Science, 2024. Disponível em: www.lse.ac.uk/granthaminstitute/wp--content/uploads/2024/11/Raising-ambition-and-accelerating-delivery-of-climate--finance_Third-IHLEG-report.pdf . Acesso em 03 abr. 2025.

BINKLEY, C. S.; STEWART, F.; POWER, S. *Pension Fund Investment in Forestry*. International Bank for Reconstruction and Development / The World Bank: Washington D.C. 2020. Disponível em: https://openknowledge.worldbank.org/server/api/core/bitstreams/a965ad41-b190-5da2-bd50-13f8b2e9c9cd/content Acesso em: 10 mar. 2025.

BIOFÍLICA. *Jari/Amapá REDD+ Project*. Project description: VCS Version 3, 2013.

BM&F. MBRE: BM&F lançado mercado brasileiro de redução de emissões. *Resenhas Publicação da Bolsa de Mercadorias & Futuros*. nº 164, abr. – jul., 2005.

BLAIKIE, P. Social nature and environmental policy in the South. *In:* CASTREE, N.; BRAUN, B (Eds.). *Social nature. Theory, practice, and politics*. Oxford: Blackwell Publishing, 2001.

BLOOMBERG NEF (BNEF). *New Energy Outlook* 2024. 2024 Disponível em: https://about.bnef.com/new-energy-outlook/>. Acesso em 03 abr. 2025.

BOCUHY, C. Opep das Florestas é incoerente e exclui metade dos ecossistemas mundiais. *O ECO*. 18 nov. 2022. Disponível em: https://oeco.org.br/colunas/opep-das-florestas-e-incoerente-e-exclui-metade-dos-ecossistemas-mundiais/. Acesso em 17 jan. 2025.

BOURDIEU, P. *O poder simbólico*. São Paulo: Edições 70, 1989.

BOYD, W. W.; PRUDHAM, S.; SHURMAN, R. A. Industrial dynamics and the problem of nature. *Society and Natural Resources*, 14:555–570, 2001.

BRASIL. MINISTÉRIO DA CIÊNCIA E TECNOLOGIA (MCT). *Coordenação*-Geral de Mudanças Globais de Clima. Segunda Comunicação Nacional do Brasil à Convenção-Quadro das Nações Unidas sobre Mudança do Clima. Brasília/DF, 2010.

BROLINA FILHO, V. Capital internacional já atinge 16 usinas da região. *Folha de S. Paulo*. Ribeirão Preto. 03 nov. 2010. Disponível em: www1.folha.uol.com.br/fsp/ribeirao/inde03112010.htm. Acesso em: 01 mar. 2025.

BROWN, H.C.P. Implemfraserenting REDD+ in a Conflict-Affected Country: A Case Study of the Democratic Republic of Congo. *Environments*. 61. 2017. Disponível em: www.mdpi.com/2076-3298/4/3/61. Acesso em 10 dez. 2024.

BUNKER, S. B.; CINCCANTELL, P. S. *Globalization and races for resources*. Baltimore: The Johns Hopinkins University Press, 2006.

CAMPOS, N. L. Internacionalização do capital no setor sucroenergético do Triângulo Mineiro/Alto Paranaíba: estratégias políticas e territoriais. 2019. 258 f. Tese (Doutorado em Geografia) – Universidade Federal de Uberlândia, Uberlândia, 2019.

CÁNEPA, E. M. Economia da poluição. *Economia do meio ambiente*: teoria e prática. Rio de Janeiro: Elsevier, 2010.

CARBON DISCLOSURE PROJECT (CDP). *CDP Climate Change Report 2015*: The mainstreaming of low-carbon on Wall Street US edition based on the S&P 500 Index. CDP Report, nov. 2015. Disponível em: www.cdp.net/CDPResults/CDP-USA-climate-change-report-2015.pdf. Acesso em 28 ago. 2024.

CARNEIRO, V. Sem concorrência, Systemica vence 1º leilão do país de floresta desmatada para explorar crédito de carbono. *G1 Pará*. 28 mar. 2025. Disponível em: https://g1.globo.com/pa/para/noticia/2025/03/28/systemica-vence-concessao-de-floresta-desmatada-no-para-para-explorar-credito-de-carbono.ghtml. Acesso em: 29 mar 2025.

CARVALHO, H. M. de. I inovações tecnológicas na produção de agrocombustíveis: base do império das fontes de energia renovável. *Boletim Dataluta*, v. 2, n. 21, 2009. Disponível em: https://periodicos.unb.br/index.php/bd/article/view/53981. Acesso em: 1 abr. 2025.

CARVALHO, E. Funai considera nulas vendas de terra indígena para estrangeiros. *G1 Natureza*. 14 mar. 2012. Disponível em: http://g1.globo.com/natureza/noticia/2012/03/funai-considera-nulas-vendas-de-terra-indigena-para-estrangeiros.html. Acessos em 30 mar. 2025.

CASTREE, N.; BRAUN, B. *Social nature. Theory, practice, and politics*. Oxford: Blackwell Publishing, 2001.

CASTREE, N. The nature of produced nature: Materiality and knowledge construction in Marxism. *Antipode*, n. 27, 1995.

CASTREE, N. Marxism, capitalism, and the production of nature. *In:* CASTREE, N; BRAUN, B. *Social nature. Theory, practice, and politics*. Oxford: Blackwell Publishing, 2001.

CHAIN REACTION RESEARCH. *Key Cerrado* deforesters in 2020 linked to the clearing of more than 110,000 hectares. mar. 2021. Disponível em: https://chainreactionresearch.com/report/cerrado-deforestation-2020-soy-beef/. Acesso em 03 mar. 2025

CHESNAIS, F. *Mundialização financeira e vulnerabilidade sistêmica*. *In:* CHESNAIS, F., *A mundialização financeira: gênese, custos e riscos*. São Paulo: Xamã, 1998.

CHESNAIS, F A *finança mundializada* – raízes sociais e políticas, configuração, consequências. São Paulo: Boitempo, 2005.

CHESNAIS, F.; SERFATI, C. A questão ambiental. *Crítica marxista*, n. 16. São Paulo: Boitempo, março de 2003.

CLEMENT, C. R. Domesticação de paisagens e plantas amazônicas – a interação de etnobotânica, genética molecular e arqueologia. In: MORCOTE, G.; MORA, S.; FRANKY, C. (Eds.). *Pueblos, plantas y paisajes antiguos en la selva tropical amazónica*. Bogotá: Editorial Universidad Nacional, 2006b. p. 97-112.

CLIMATEWATCH. *Historical GHG Emissions*. S.d. Disponível em: www.climatewatchdata.org/ghg-emissions. Acesso em 01 abr. 2025.

CNA. Pré-cop. 2024. Disponível em: https://www.cnabrasil.org.br/eventos/pre-cop-29. Acesso em 29 jan. 2025.

COASE, Ronald. The Problem of Social Cost. *Journal of Law and Economics*, Chicago, IL, v. 3, n. 1, p. 1-44, 1960.

COMISSÃO PASTORAL DA TERR (CPT). *Conflitos no campo Brasil*. 2023. Centro de documentação Dom Tomás Balduíno. Goiânia: CPT Nacional, 2024. Disponível em: https://www.cptnacional.org.br/publicacoes-2/destaque/6746-conflitos-no-campo-brasil-2023. Acesso em 10 fev. 2025.

CORNETTA, A. *A financeirização do clima*. Uma abordagem geográfica do mercado de carbono e suas escalas de operação. São Paulo: Annablume/Fapesp, 2012.

CORNETTA, A. O atual regime político das mudanças climáticas globais e a agroindústria de papel e celulose no Brasil. *Policy brief*. Buenos Aires: Clacso, 2013.

CORNETTA, A. Direitos territoriais nas várzeas de Breves, Marajó: novos usos da floresta e distintas percepções sobre o ambiente. *Revista Novos Cadernos NAEA*, v. 19, p. maio-agosto- 2016.

CORNETTA, A. Entre o clima e a terra: uma análise geográfica da "economia de baixo carbono" na Amazônia. Tese (Doutorado). Faculdade de Filosofia, Letras e Ciências Humanas da Universidade de São Paulo. Departamento de Geografia. São Paulo, 2017. 429 f.

CORNETTA, A. Ciência, política e a produção histórica do clima: considerações sobre controvérsias científicas e políticas para mudanças climáticas. *Revista da* ANPEGE. vol. 18, n. 32, 2022. Disponível em: https://ojs.ufgd.edu.br/anpege/article/view/13567. Acesso em 10 mar. 2025.

CORNETTA, A. Florestas e Finanças Verdes: Uma Discussão Sobre o Regime Político das Mudanças Climáticas. In: MIOLA, Z. I. *et al.* (org.) *Finanças Verdes no Brasil Perspectivas Multidisciplinares Sobre o Financiamento da Transição Verde*. 1ed.São Paulo: Blucher, 2022.

COSTA, W. M. *Geografia Política e Geopolítica*: Discursos sobre o Território e o Poder. São Paulo: Edusp, 1992.

COSTANZA, R.; D'ARGE, R.; DE GROOT, R. *et al.* The value of the world's ecosystem services and natural capital. *Nature*, v. 387, p. 253-260, 1997. Disponível em: https://doi.org/10.1038/387253a0. Acesso em: 10 jan. 2025.

DAMIANI, A. L. *Espaço e Geografia*: Observações de Método. Elementos da obra de Henri Lefebvre e a Geografia. Ensaio sobre Geografia Urbana a partir da Metrópole de São Paulo. (Livre-Docência). Faculdade de Filosofia, Letras e Ciências Humanas, Departamento de Geografia da Universidade de São Paulo. São Paulo: FFLCH/USP, 2008.

DANTAS, B. *et al.* Governo Bolsonaro favoreceu desastre climático e agiu contra consenso internacional. *Le Monde Diplomatique*. 21 jun. 2024. Disponível em: https://diplomatique.org.br/governo-bolsonaro-favoreceu-desastre-climatico-e-agiu-contra-consenso-internacional/. Acesso em 20 mar. 2025.

DAVIS, M. *The ecology of fear.* Los Angeles and the imagination of disaster. New York: Metropolitan books, 1998.

DAVIS, M. *Holocaustos coloniais.* Clima, fome e imperialismo na formação do terceiro. São Paulo: Record, 2002.

DAVIS, M. *Planeta favela.* São Paulo: Boitempo, 2011.

DEÁK, C. Uma interpretação histórica da teoria da renda. In: *Revista de Desenvolvimento Urbano e Regional.* 2(1):41-57; Sinopses 18:26-39, 1992.

DEÁK, C. *À busca das categorias da produção do espaço.* (Livre-Docência). Faculdade de Arquitetura e Urbanismo, Departamento de Projeto, Universidade de São Paulo. São Paulo: FAU/USP, 2001.

DUNE, D. Analysis: 95% of countries miss UN deadline to submit 2035 climate pledges. *Carbon brief.* 10 fev. 2025. Disponível em: www.carbonbrief.org/analysis-95-of-countries-miss-un-deadline-to-submit-2035-climate-pledges/. Acesso em 03 abr. 2025.

DZIEDZIC, A. Stanisław Brzozowski on the ideal of the modern man. *Studies in East European Thought.* nov. 63:345, 2011. Disponível e m:http://link.springer.com/article/10.1007/s11212-011-9155-x. Acesso em 01 abr. 2025.

EICKSON, C. L. Amazonia: the historical ecology of a domesticated landscape. *In:* SILVERMAN, H.; ISBELL, W. (Eds.). *The Handbook of south American Archaeology.* New York: Springer, 2008.

ELETRO NUCLEAR. *Energia nuclear e transição energética.* s/d.: Disponível em: https://bit.ly/3Aat8. Acesso em 20 out. 2024.

EMATER RS. Impactos das chuvas e cheias extremas no Rio Grande do Sul em maio de 2024. *Boletim evento adverso.* n. 1. mai. 2024. Disponível em: www.estado.rs.gov.br/upload/arquivos/202406/relatorio-sisperdas-evento-enchentes-em-maio-2024.pdf>. Acesso em 10 fev. 2025.

EMBER. Global Electricity Review 2024. 2024. Disponível em: https://bit.ly/4fjY1Av. Acesso em 20 out. 2024.

ENGELS, F. *Anti-Düring.* Santiago de Chile: Ercilla, 1940.

ENGELS, F *A dialética da natureza.* Rio de Janeiro: Paz e Terra, 1979.

ENGELS, F *Ludwig Feuerbach e o fim da filosofia clássica alemã.* São Paulo: UNITAS, s/d. 113 p.

ENGELS, F. Sobre o Papel do Trabalho na Transformação do Macaco em Homem. In: RICARDO, A. (org). *A Dialética do Trabalho – Escritos de Marx e Engels.* São Paulo. Expressão Popular, 2004.

ENVIROMENTAL FINANCE. “Strong growth predicted for voluntary carbon market”. *Environmental finance.* 15 set. 2020. Disponível em: https://www.environmental-finance.com/content/analysis/strong-growth-predicted-for-voluntary-carbon-market.html. Acesso em 01 abr. 2025.

EPTV2. Geração de energia pela cana completa 35 anos no Brasil: entenda o que é e as projeções do setor para a bioeletricidade. *G1. Estação agro.*19 ago. 2022. Disponível em : https://g1.globo.com/sp/ribeirao-preto-franca/estacao-agro/noticia/2022/08/19/geracao-de-energia-pela-cana-completa-35-anos-no-brasil-entenda-o-que-e-e-as-projecoes-do-setor-para-a-bioeletricidade.ghtml. Acesso em 30 fev. 2025.

ERENO, D. Sertãozinho, usina de inovações. *Pesquisa Fapesp.* ed. 128. out., 2006. Disponível em: https://revistapesquisa.fapesp.br/sertaozinho-usina-de-inovacoes/. Acesso em 30 fev. 2025.

FAUSTINO, C.; FURATDO, F. Povos da floresta e territórios: serviços ou direitos? *Porantim.* Ano XXXVI, n. 368. Brasília DF. set. 2014. Disponível em: www.cimi.org.br/pub/Porantim%20368%20-%20para%20SITE_1.pdf. Acesso em 16 jan. 2025.

ESCOBAR, H. Governo dos EUA restringe pesquisas sobre crise climática. *Jornal da USP.* 27 mar. 2025. Disponível em: https://jornal.usp.br/atualidades/furacao-negacionista-governo-dos-eua-restringe-pesquisas-sobre-crise-climatica/. Acesso em 02 abr. 2025.

FERNANDES, L. Eucalipto: o deserto verde que ameaça a vida dos povos tradicionais do campo. *MST*. 21 fev. 2017. Disponível em: https://mst.org.br/2017/02/21/eucalipto-o-deserto-verde-que-ameaca-a-vida-dos-povos-tradicionais-do-campo/. Acesso em 20 mar. 2025.

FERREIRA, L. C. Chuvas no RS: mortes chegam a 95; 1,4 milhão de pessoas são afetadas. *EBC*. Rádio Nacional. 07 mai. 2024. Disponível em: https://agenciabrasil.ebc.com.br/geral/noticia/2024-05/chuvas-no-rs-mortes-chegam-95-14-milhao-de-pessoas-sao-afetadas. Acesso em 10 fev. 2025.

FOOD AND AGRICULTURE ORGANIZATION OF THE UNITED NATIONS (FAO). *Global Forest Resources Assessment* 2020. Disponível em: www.fao.org/forest-resources-assessment/past-assessments/fra-2020/en/. Acesso em 15 jan 2025.

FONTES, S. Suzano: até 2024, companhia espera ter 1,7 milhão de hectares plantados de eucalipto. *Valor*. 27 out. 2023. Disponível em: https://globorural.globo.com/noticia/2023/10/suzano-ate-2024-companhia-espera-ter-17-milhao-de-hectares-plantados-de-eucalipto.ghtml. Acesso em 20 mar. 2025.

FOSTER, J. B. *A ecologia de Marx*: materialismo e natureza. Rio de Janeiro: Civilização Brasileira, 2005.

FOSTER, J. B. Marx and the Rift in the Universal Metabolism of Nature. *Monthly Review*. 01 dez. 2013. Disponível em: https://monthlyreview.org/2013/12/01/marx-rift-universal-metabolism-nature/. Acesso em 20 jan, 2025.

FRASER, Nancy. Por trás do laboratório secreto de Marx. Por Uma concepção expandida do Capitalismo. *Revista Direito e Práxis*, v. 6, n. 10, p. 704-728, 2015. Disponível em: www.e-publicacoes.uerj.br/revistaceaju/article/view/15431/11726.

FREIRE, P. *Pedagogia do Oprimido*. 65. ed. Rio de Janeiro: Paz e Terra, 2019.

FREITAS, H. Posicionamentos enviados para reportagem sobre lobistas do agro na COP29. *Repórter Brasil* 22 nov. 2024. Disponível em: https://reporterbrasil.org.br/2024/11/posicionamentos-enviados-para-reportagem-sobre-lobistas-do-agro-na-cop29/. Acesso em 10 fev. 2025.

FREITAS, H. COP29: delegação do Brasil inclui lobistas de JBS, Bayer e outras 24 empresas do agro. *Brasil de Fato*. 25 nov. 2024. Disponível em: www.brasildefato.com.br/2024/11/25/cop29-delegacao-do-brasil-inclui-lobistas-de-jbs-bayer-e-outras-24-empresas-do-agro/. Acesso em 10 fev. 2025.

FRESSOZ, J. B. *Sans transition*: Une nouvelle histoire de l'énergie, Jean-Baptiste Fressoz, Paris, Éditions du Seuil, 2024.

FRIEDMAN, T. L. *The power of green. The New York Times*. 15 abr. 2007. Disponível em: www.nytimes.com/2007/04/15/opinion/15iht-web-0415edgreen-full.5291830.html. Acesso em 30 mar. 2025.

FUNDAÇÃO GETULIO VARGAS (FGV); EMPRESAS PELO CLIMA (EPC). Propostas empresariais de políticas públicas para uma economia de baixo carbono no Brasil. São Paulo: GVces, 2013. Disponível em: https://repositorio.fgv.br/items/83a1f086-ce74-45e1-a898-dd3b54a85ebb. Acesso em 03 abr. 2025.

FGVCES. "Programa Brasileiro GHG Protocol". S.d. Disponível em: https://eaesp.fgv.br/centros/centro-estudos-sustentabilidade/projetos/programa-brasileiro-ghg-protocol. Acesso em 30 mar. 2025.

FURLAN, S. A. Florestas culturais: manejo sociocultural, territorialidades e sustentabilidade. *Agrária*. São Paulo, n. 3, p. 3-15, 2006.

FURTADO, F. P.; GIBSON, M.L.; BARROS Jr. A. O; TORRES, P. Capitalismo Extrativista e o Mercado de Compensação Florestal na Amazônia. *Ambiente & sociedade*. Vol. 27. 2024. Disponível em: www.scielo.br/j/asoc/a/fy3Rd3yVTwYTf5Myf3ywdFR/?format=pdf&lang=p. Acesso em 20 jan. 2025.

FURTADO, F. P. Em nome do clima: – instituições e práticas na ambientalização das finanças no Brasil. Tese (doutorado) – Universidade Federal do Rio de Janeiro, Instituto de Pesquisa e Planejamento Urbano e Regional, Programa de Pós-Graduação em Planejamento Urbano e Regional. Rio de Janeiro, 2015.

G1. "Justiça condena Jari Celulose a fazer exames por poluição em população de Vitória do Jari. G1 Macapá. Disponível em: https://g1.globo.com/ap/amapa/noticia/2018/08/28/justica-condena-jari-celulose-a-fazer-exames-por-poluicao-em-populacao-de-vitoria--do-jari.ghtml . Acesso em 01 abr. 2025.

GARCIA, J. R.; LIMA, D. A.; VIEIRA, A. C. configuração da estrutura produtiva do setor sucroenergético brasileiro: panorama e perspectivas. *Revista de Economia Contemporânea*. Vol. 19, n. 1, 2015. Disponível em: www.scielo.br/j/rec/a/WzZQQ7GzZZfpTNzT3PBSPjz/?lang=pt#. Acesso em 05 mar 2025.

GRAMSCI, A. *Cuadernos de la cárcel*. Tomo II. Edición crítica del Instituio Gramsci. Ediciones Era /Benemérita: México D.F., 1981.

HAESBAERT, R. Precarização, reclusão e "exclusão" territorial. *Terra Livre, [S. l.]*, v. 2, n. 23, p. 35–51, 2004. Disponível em: https://publicacoes.agb.org.br/terralivre/article/view/192. Acesso em: 30 mar. 2025.

HARVEY, D. *Os limites do capital*. São Paulo: Boitempo, 2013.

HARVEY, D. *Condição Pós-Moderna*. São Paulo: Loyola, 1992.

HARVEY, D. From space to place and back again: Reflections on the condition of postmodernity. *In:* BIRD, J. *Mapping the Futures: Local Cultures, Global Change*. London: Routledge, 1993.

HARVEY, D. *Espaço de esperança*. São Paulo: Loyola, 2004a.

HARVEY, D. *O novo imperialismo*. São Paulo: Loyola, 2004b.

HARVEY, D. *Spaces of global capitalism*. Towards a theory of uneven geographical development. New York: Verso, 2006.

HARVEY, D. *A companion to Marx's Capital*. New York: Verso, 2010.

HARVEY, D. *Diecisiete contradicciones y el fin del capitalismo*. Quito: Editorial IAENE, 2014.

HAUG, W. F. *Crítica da estética da mercadoria*. São Paulo: Ed. Unesp, 1996.

HEIN, J. *Political Ecology of REDD+ in Indonesia Agrarian Conflicts and Forest Carbon*. 2019. New Yourk: Routledge, 2019.

HELMHOLTZ ASSOCIATION OF GERMAN RESEARCH CENTRES (UFZ). "Economic Value of Insect Pollination Worldwide Estimated at U.S. $217 Billion." *ScienceDaily*., 15 set., 2008. Disponível em: www.sciencedaily.com/releases/2008/09/080915122725.htm. Acesso em 11 jan. 2025.

HEREDIA, B. *et al.* (2010). Sociedade e economia do "agronegócio" no Brasil. *Revista Brasileira de Ciências Sociais*. vol. 25, n. 74, p. 159-176.

HUBBERT, M. K, *Nuclear energy and the fossil fuels*. 1956, pp. 7-25. Disponível em: https://cmapspublic.ihmc.us/rid=1176076210219_852008754_13952/Hubbert1956.pdf. Acesso 30 mar. 2025.

HUNT, E. K. *História do pensamento econômico*. Uma perspectiva crítica. Rio de Janeiro: Elsevier, 2005.

INTERNATIONAL ENERGY AGENCY (IEA). *World Energy Outlook 2024*. Paris: IEA, 2024. Disponível em: www.iea.org/reports/world-energy-outlook-2024?language=pt. Licença: CC BY 4.0 (relatório); CC BY NC SA 4.0 (Anexo A). Acesso em: 02 abr. 2025.

INTERGOVERNMENTAL PANEL ON CLIMATE CHANGE (IPCC). Introducción a los modelos climáticos simples utilizados en el segundo informe de evaluación del IPCC. Documento técnico IPCC. fev, 1997. Disponível em: www.ipcc.ch/pdf/technical-papers/paper-II-sp.pdf. Acesso 02 abr. 2025.

INTERGOVERNMENTAL PANEL ON CLIMATE CHANGE (IPCC). Working Group I contribution to the IPCC 5th Assessment. Report "Climate Change 2013: The Physical Science Basis. Cambridge, United Kingdom and New York, NY, USA:

Cambridge University Press, 2013. Disponível em: www.ipcc.ch/report/ar5/wg1/#.umlE63vFovk. Acesso 02 abr. 2025.
INTERNATIONAL TRADE ADMINISTRATION. *India*. Renewable Energy. 12 jan. 2024. Disponível em: https://bit.ly/48k6v8B. Acesso em: 01 abri. 2025.
INSTITUTO DE ENERGIA E MEIO AMBIENTE (IEMA) *Florestas energéticas*: potencial da biomassa dedicada no Brasil. São Paulo, 2018. Disponível em: https://energiaeambiente.org.br/wpcontent/uploads/2018/01/estudo_completo_energia_eucalipto.pdf. Acesso em 05 mar. 2025.
ISEC. Prospecto definitivo de distribuição pública da série única da 20ª (vigésima) emissão de certificados de recebíveis do agronegócio da ISEC. 21 dez. 2020. Disponível em: https://cms.santander.com.br/sites/WPS/documentos/arq-craslcagricola-prospecdef/20-12-22_162254_slccraprospectodefinitivo.pdf. Acesso em 03 mar. 2025.
JUNQUEIRA, G. O. Os títulos verdes e a financeirização da transição verde no Brasil. *In:* MORENO, Camila *et. al.* *O Brasil na retomada verde*: Integrar para entregar. Brasília: Grupo Carta de Belém, dez. 2021.
JUSBRASIL. MPF recomenda à Funai que assessore índios Cinta Larga. Disponível em: https://www.jusbrasil.com.br/noticias/mpf-ro-recomenda-a-funai-que-assessore-indios-em-contrato-de-creditos-de-carbono/2219789. Acesso em 01 abr. 2025.
KATZ, C. Under the falling sky: apocalyptic environmentalism and the production of nature. *In:* CALLARI, A.; BIEWENER, C.; CULLENBERG, S. (eds.) *Marxism in the Postmodern Age*: Confronting the New World Order. Guilford, 1994.
KERN, D. C.; COSTA, M. L da. Composição química de solos antropogênicos desenvolvidos em latossolo amarelo derivados de lateritos. *Geociências*, vol. 16, n. 1, 1997, pp. 157-175.
KLEANINDUSTRIES. "Carbon 2007 - A new climate for carbon trading". Disponível em: https://kleanindustries.com/insights/market-analysis-reports/carbon-2007-a-new-climate-for-carbon-trading-carbon-2007/. Acesso em 25 mar. 2025.
KLEIN, N. *This changes everything: capitalism vs. The climate*. Toronto: Alfred A. Knopf Canada, 2014.
KNORR-CETINA, K. La fabricación del conocimiento. Un ensayo sobre el carácter constructivista y contextual de la ciencia. Buenos Aires: Universidad Nacional de Quilmes Editorial, 2005.
KOLAKOWSKI, L. *Las principales corrientes del marxismo*. Su nacimiento, desarrollo y disolución. Madrid: Alianza Editorial, 1980.
LABORATÓRIO DE INOVAÇÃO FINANCEIRA (LAB). Desmistificando os títulos verdes: CRA verde. LAB: Brasil, jan. 2020. Disponível em: www.labinovacaofinanceira.com/wp-content/uploads/2020/01/Desmistificando-os-Titulos-Verdes-CRA_completa-20200130-1.pdf. Acesso em 03 mar. 2025.
LABICA, G. (Org.). As "teses sobre Feuerbach" de Karl Marx. Rio de Janeiro: Jorge Zahar, 1990.
LACLIMA. *Observatório do Acordo de Paris*. 24 nov. 2024. Disponível em: https://laclima.org/acordoparis/resumao-da-cop-29/. Acesso em 03 abr. 2025.
LATOUR, B. *Ciência em ação*. São Paulo: Unesp, 2000.
LEFEBVRE, H. *La violencia y el fin de la historia*. Buenos Aires: Ediciones Siglo Veinte, 1973.
LEFEBVRE, H. *Espacio y política*. El derecho de la ciudad, II. Barcelona: Ediciones Península, 1976.
LEFEBVRE, H. *The production of space*. Oxford: Basil Blackwell, 1991.
LEFEBVRE, H. *A revolução urbana*. Belo Horizonte: Humanitas, 2004.
LEFF, Enrique. A *Racionalidade ambiental. A reapropriação social da natureza*. Rio de Janeiro: Civilização Brasileira, 2006.

LENIN, V. I. *Materialismo e Empiro-Criticismo*. Notas e críticas sobre uma Filosofia Reacionária. Rio de Janeiro: Calvino Ltda., 1947.

LIMONAD, E. Geografia Política e Geopolítica: Discursos sobre o Território e o Poder. *Geografias*. Belo Horizonte 03(1) 7-23 janeiro-junho de 2007.

LIVINGSTONE, D. N. Climate's moral economy: Science, race, and place in post--Darwinian British and American geography. In: GODLEWSKA, A.; SMITH, N. (edits.) *Geography and empire*. Oxford: Blackwell, 1994.

LOIOLA, S. A. *Variabilidade paleoclimática e a evolução de sistemas complexos adaptativos nos humanos modernos*. 2014. 237 f. Tese (Doutorado em Geografia) - Universidade Federal de Goiás, Goiânia, 2014.

LUKÁCS, G. *História e consciência de classe*. Estuds sobre a dialética marxista. São Paulo: Martins Fontes, 2003.

LUXEMBURGO, R. *A acumulação do capital*. vol. 2. São Paulo: Abril, 1984.

MAGALHÃES, M. P. Natureza selvagem e natureza antropogênica na Amazônia Neotropical. In: PEREIRA, E.; GUAPINDAIA, V. *Arqueologia amazônica*. v. 1, Belém: Museu Paraense Emílio Goeldi, 2010. p. 403-423.

MAGALHÃES, M. P. Evolução antropomorfa da Amazônia. In: *Revista de História da Arte e Arqueologia*, n. 12, p. 5-38, jul.-dez. 2009.

MANDEL, E. *O capitalismo tardio*. São Paulo: Abril Cultural, 1982.

MAPA. Resultados do Plano. 2023a. Disponível em: https://www.gov.br/agricultura/pt-br/assuntos/sustentabilidade/planoabc-abcmais/plano-abc/acoes-do-plano

MAPA. Metas do ABC+. 2023b. Disponível em: https://www.gov.br/agricultura/pt-br/assuntos/sustentabilidade/planoabc-abcmais/abc/metas-do-abc. Acesso em 29 jan. 2025.

MAPBIOMAS. *Mapeamento Anual de Cobertura e Uso da Terra no Brasil*. Coleção 9. 01 out. 2024. Disponível em: https://brasil.mapbiomas.org/wp-content/uploads/sites/4/2024/10/Factsheet-Amazonia_C9_01.10_v2.pdf. Acesso em 10 fev. 2025.

MAPBIOMAS. *RAD2023*: Relatório Anual do Desmatamento no Brasil 2023. São Paulo: MapBiomas. 2024. Disponível em: http://alerta.mapbiomas.org. Acesso em 10 fev. 2025.

MARCOVITCH, J. *Para mudar o futuro: mudanças climáticas, políticas públicas e estratégias empresariais*. São Paulo: Edusp, 2006.

MARCOVITCH, J. (Org.). Pioneirismo e Sustentabilidade na Amazônia. São Paulo: FEA/USP, 2009-2013. Disponível em: www.usp.br/mudarfuturo/cms. Acesso em 20 dez. 2024.

MARQUES, L. *Capitalismo e Colapso Ambiental*. Campinas: Editora da Unicamp, 2018.

MARQUES, M. I.M. Financiamento Ambiental, Mudanças Climáticas e o Agronegócio no Brasil. *In*: MIOLA, *et al.* (Orgs). *Finanças verdes no Brasil: perspectivas multidisciplinares sobre o financiamento da transição verde*. São Paulo: Blucher, 2022.

MARTIN, A. R. *Brasil, geopolítica e poder mundial*. O anti-Golbery. São Paulo: Hucitec, 2018.

MARTINEZ-ALIER, J. *El ecologismo de los pobres*. *Revista Wani*. n. 125, abr. Manágua: Universidad Centroamericana (UCA), 1992.

MARTINS, J. de S. *Os camponeses e a política no Brasil*: as lutas sociais no campo e seu lugar no processo político. Petrópolis: Vozes, 1981.

MARX, K; ENGELS, F. *A ideologia alemã*: crítica da mais recente filosofia alemã em seus representantes Feuerbach, B. Bauer e Stirner, e do socialismo alemão em seus diferentes profetas (1845-1846). São Paulo: Boitempo, 2007.

MARX, K. *Formações econômicas pré-capitalistas*. Rio de Janeiro: Paz e Terra, 1977.

MARX, K. Manuscritos Econômico-Filosóficos. In: *Os pensadores*. São Paulo: Abril Cultural, 1978.

MARX, K. O Capital: Crítica da economia política. *Os economistas*. Vol I, Tomo 1. São Paulo: Abril Cultural,1983.

MARX, K. O Capital: Crítica da economia política. *Os economistas*. Vol. I, Tomo 2. São Paulo: Abril Cultural, 1984a.

MARX, K. O Capital: O processo de circulação do capital. *Os economistas*. Vol. II. São Paulo: Abril Cultural,1984b.

MARX, K. O Capital: O processo global da produção capitalista. *Os economistas*. Vol. III, Tomo 1. São Paulo: Abril Cultural, 1984c.

MARX, K. O Capital: O processo global da produção capitalista. *Os economistas*. Vol. III, Tomo 2. São Paulo: Abril Cultural, 1985a.

MARX, K. *Miséria da filosofia*. São Paulo: Global, 1985b.

MARX, K. *Grundrisse*: manuscritos econômicos de 1857-1858: esboço da crítica da economia política. São Paulo: Boitempo, 2011.

MAS-COLELL, A.; WHINSTON, M. D.; GREEN, J. R. *Microeconomic theory*. New York: Oxford University Press, 1995.

MATHEUS, L.F. de; CORNETTA, A. Ideologías geográficas y producción de la naturaleza: elementos para pensar la resignación de los bosques frente a la crisis del capital. *ÍCONOS* (QUITO), v. 61, p. 115-133, 2018.

MATHEUS, L.F. de; CORNETTA, A. Conservacionismo y nuevos usos del suelo en el Bajo Amazonas y en la Norpatagonia chilena: una discusión sobre renta territorial y vocación espacial en el contexto del capitalismo contemporáneo. *CONFINS* (PARIS), v. 4, p. 1- 22, 2020.

MATHIAS, J. F. C. M.; YOUNG, C. E. F.; COUTO, L. C. C. B.; ALVARENGA JUNIOR, M. *Green New Deal* como estratégia de desenvolvimento pós-pandemia: lições da experiência internacional. Revista Tempo do Mundo, Brasília, n. 26, p. 145-174, 2021. Disponível em: https://doi.org/10.38116/rtm26art4. Acesso em: 03 abr. 2025.

MAYER, G. *Friedrich* Engels: una biografia. México DF: Fondo de Cultura Económico, 1978.

MCCORMICK, J. *Rumo ao paraíso*. A História do Movimento Ambientalista. Rio de Janeiro: Relume-Dumará 1992.

MEADOWS, D. H.; MEADOWS, D. L; RENDERS, J.; BEHRENS III, W. W. *The limits of growth*. Washington D.C.: Potomac Associates: 1972. Disponível em: www.donellameadows.org/wp-content/userfiles/Limits-to-Growth-digital-scan-version.pdf. Acesso em 19 jan. 2025.

MELLO, L. I. A. *Quem tem medo de geopolítica?* São Paulo: Edusp, 1999.

MÉSZÁROS, I. *Para além do capital*. São Paulo, Boitempo, 2009.

MIROVA. *Land Degradation Neutrality Fund Impact Report*. 2021. Disponível em: www.mirova.com/sites/default/files/2021-07/LDN%20Report%202021_DEF.pdf. Acesso em 20 mar. 2025.

MINISTÉRIO DA CIÊNCIA E TECNOLOGIA E INOVAÇÃO (MCTI). *Status dos projetos do Mecanismo de Desenvolvimento Limpo (MDL) no Brasil*. Última compilação do site da UNFCCC e da CIMGC: 31 de janeiro de 2016. Disponível em:/https://antigo.mctic.gov.br/mctic/export/sites/institucional/ciencia/SEPED/clima/arquivos/status_mdl/Status-janeiro-2016.pdf. Acesso em 01 abr. 2025.

MINISTÉRIO DA AGRICULTURA E PECUÁRIA (MAPA). *Plano nacional de desenvolvimento de florestas plantadas*. mar. 2024. Disponível em: www.gov.br/agricultura/pt-br/assuntos/camaras-setoriais-tematicas/documentos/camaras-setoriais/florestas-plantadas/2024/61a-ro-06-03/plano-nacional-de-desenvolvimento-de-florestas-plantadas-digital-1.pdf. Acesso em 01 mar. 2025.

MINISTÉRIO DE MINAS E ENERGIA (MMA). Presidente Lula e Alexandre Silveira lançam Política Nacional de Transição Energética, com potencial de R$ 2 trilhões em investimentos (USD 350 bilhões). Disponível em: https://www.gov.br/mme/pt-br/

assuntos/noticias/presidente-lula-e-alexandre-silveira-lancam-politica-nacional-de--transicao-energetica-com-potencial-de-r-2-trilhoes-em-investimentos. Acesso em: 01 abri. 2025.

MONZONI, M.; BIDERMAN, R. *Propostas empresariais de políticas públicas para uma economia de baixo carbono no Brasil*. São Paulo: FGVces, 2013. Disponível em: https://repositorio.fgv.br/items/83a1f086-ce74-45e1-a898-dd3b54a85ebb. Acesso em 01 abr. 2025.

MORAES, A. C. R.; COSTA, W. M. A geografia e o processo de valorização do espaço. *In:* SANTOS, M. (org.) *Novos rumos da geografia brasileira*. São Paulo: Hucitec, 1984.

MORAES, A. C. R.; COSTA, W. M. *Geografia crítica*. A valorização do espaço. São Paulo: Hucitec, 1988.

MORAES, A. C. R. *Capitalismo, geografia e meio ambiente*. 2000. Tese (Livre Docência) – Departamento de Geografia. Faculdade de Filosofia, Letras e Ciências Humanas, Universidade de São Paulo, São Paulo, 2000.

MORENO, C.; CHASSÉ, D. S.; FUHR, L. *A métrica do carbono*: abstrações globais e epistemicídio ecológico. Rio de Janeiro: Fundação Heinrich Böll, 2016.

MORENO, C. (Org.). *O Brasil na retomada verde*: Integrar para entregar. Brasília: Grupo Carta de Belém, dez. 2021.

MOREIRA, R. J. Renda da natureza e territorialização do capital. Reinterpretando a renda da terra na competição intercapitalista. *Estudos sociedade e agricultura*. 04 jul., 1995. Disponível em: https://revistaesa.com/ojs/index.php/esa/article/view/60/61. Acesso em 20 mar. 2025.

MOREIRA, R. J Terra e natureza: um olhar sobre a apropriação privada da biodiversidade. *In*: SILVA, F. da; SANTOS, R.; COSTA, L.F de C. *Mundo rural e política*. Ensaios interdisciplinares. Rio de Janeiro: Campus, 1999.

MONDRAGÓN BÁEZ, Héctor. *Los ciclos económicos en el capitalismo. Las crisis, cuándo y por qué?*. Bogotá, DF: Aurora, 2009.

MOTA, A. A.; VIANA, N. A terra é dos índios. E o carbono, é de quem? *Pública*. 09 mar. 2012. Disponível em: https://apublica.org/2012/03/terra-e-dos-indios-carbono--e-de-quem/. Acesso em: 01 abr. 2025.

MOTTA *et al. Mudança do clima no Brasil*: aspectos econômicos, sociais e regulatórios. Brasília: Ipea, 2011.

MOURA, L. H. G. Ruptura do Metabolismo Socioecológico. *In:* DIAS, Alexandre Pessoa *et al.* (orgs.) *Dicionário de Agroecologia e Educação*. São Paulo: Expressão Popular; Rio de Janeiro: EPSJV, 2021. 816p.

MOURA, B. de F. "Fase quase final", diz ministro sobre licença para margem equatorial. *Agência Brasil* 23 set. 2024. Disponível em: https://agenciabrasil.ebc.com.br/economia/noticia/2024-09/fase-quase-final-diz-ministro-sobre-licenca-para-margem--equatorial. Acesso em: 20 out. 2024.

MOVIMENTO DOS TRABALHADORES RURAIS SEM TERRA (MST). Plano Nacional "Plantar Árvores, Produzir Alimentos Saudáveis". [Texto para debate]. 2020.

MOVIMENTO DOS TRABALHADORES RURAIS SEM TERRA (MST). *Normas Gerais e Princípios Organizativos do MST*, edição revisada e ampliada, 2016.

MOVIMENTO DOS TRABALHADORES RURAIS SEM TERRA (MST). *Plantando Seremos Milhões*, 1999.

NÚCLEO DE ASSUNTOS ESTRATÉGICOS DA PRESIDÊNCIA DA REPÚBLICA (NAE). Mudança do Clima: Negociações internacionais sobre mudança do clima. *Cadernos NAE*, vol. I, n. 3. p. 250, fevereiro, 2005.

NASCIMENTO, L. Incêndios e seca na Amazônia e no Pantanal batem marcas históricas. *EBC*. Agência Brasil. 23 set. 2024. Disponível em: https://agenciabrasil.ebc.com.br/meio-ambiente/noticia/2024-09/incendios-e-seca-na-amazonia-e-no-pantanal--batem-marcas-historicas. Acesso em 10 fev. 2025.

NEVES, E. G. *Sob os Tempos do Equinócio*: oito mil anos de história na Amazônia Central. São Paulo: Ubu Editora; Edusp, 2022.

NWOKE, C., N. World mining rent: an extension of Marx's theories. *Review*. vol. VIII, n. 1. New York: Fernand Braudel Center. 1984.

OECO. "FSC disassociates from Jari Group". 2019ª. Disponível em: https://www.oeco.org.br/wp-content/uploads/2019/05/FSC-disassociates-from-Jari_29-04-2019_Final_clean.pdf.

OECO. "Public Summary of the Policy for Association Investigation –Jari Group". 2019b. Disponível em: https://www.oeco.org.br/wp-content/uploads/2019/05/Public-Summary-of-the-Policy-for-Association-Investigation_April-2019-1.pdf.

ORGANIZAÇÃO PARA A COOPERAÇÃO E O DESENVOLVIMENTO ECONÔMICO (OCDE).

OLIVEIRA, A. L. A. DE; NEVES, J. C. Transferência de valor e agronegócio: as Timber Investment Management Organizations (TIMO) no complexo eucalipto-celulose-papel em Mato Grosso do Sul (MS) – Brasil. *REVISTA NERA*, V. 27, N. 4, 2024. Disponível em: https://revista.fct.unesp.br/index.php/nera/article/view/10625. Acesso em: 20 mar. 2025.

OLIVEIRA, A. U. de. Espaço e tempo: compreensão materialista e dialética. *In:* SANTOS, M (org.). *Novos rumos da geografia brasileira*. São Paulo: Hucitec, 1984.

OLIVEIRA, A. U. de. *O modo capitalista de produção, agricultura e reforma agrária*. 1ª Edição, FFLCH, São Paulo, 2007.

OLIVIA, F. Avaliação financeira do setor sucroenergético depois do boom. *Revista de Política Agrícola*, 26, ago. 2017. Disponível em: https://seer.sede.embrapa.br/index.php/RPA/article/view/1246. Acesso em: 05 mar. 2025

ORGANIZAÇÃO DAS NAÇÕES UNIDAS (ONU). *Calor mata mais de 175 mil pessoas por ano na região europeia, diz OMS*. 02 ago. 2024. Disponível em: https://news.un.org/pt/audio/2024/08/1835561. Acesso em 10 fev. 2025.

PACKER, L. *Novo código florestal & pagamentos por serviços ambientais*. Regime proprietário sobre bens comuns. Curitiba: Juruá, 2015.

PAES, C. de F. Trader Cargill, pension fund TIAA linked to land grabs in Brazil's Cerrado. *Mongabay*. 03 fev. 2021. Disponível em: https://news.mongabay.com/2021/02/trader-cargill-pension-fund-tiaa-linked-to-land-grabs-in-brazils-cerrado/. Acesso em 03 mar. 2025.

PARLAMENTO EUROPEU. Regulamento (UE) 2023/956. 10 mai. 2023. *Jornal Oficial da EU*. Disponível em: https://eur-lex.europa.eu/legal-content/PT/TXT/HTML/?uri=CELEX:32023R0956. Acesso em 01 abr. 2025.

PAULANI, L. M. Capitalismo financeiro, estado de emergência econômico e hegemonia às avessas no Brasil. *In:* OLIVEIRA, F. de; BRAGA, R.; RIZEK, C. (orgs.). *Hegemonia às avessas*. São Paulo: Boitempo, 2010.

PAULANI, L. M. Acumulação e rentismo: resgatando a teoria da renda de Marx para pensar o capitalismo contemporâneo. *Revista de Economia Política*, vol. 36, nº 3 (144), pp. 514-535, julho-setembro, 2016.

PETROBRÁS. *Margem Equatorial*: Novas Fronteiras de Exploração. s/d. Disponível em: https://petrobras.com.br/quem-somos/novas-fronteiras. Acesso em 20 out. 2024.

PERDIGÂO, J. O rastro da monocultura de eucalipto no Cerrado de Minas. *Projeto preserva*. 16 ago. 2024. Disponível em: https://www.projetopreserva.com.br/post/o-rastro-do-monocultivo-de-eucalipto-no-cerrado-de-minas/. Acesso em: 20 mar. 2025.

PHILLIS, M. EPA's $20B 'green bank' will benefit states that work to shut down coal plants, says director. *AP News*, 4 abr. 2024. Disponível em: https://apnews.com/article/epa-green-bank-zeldin-climate-trump-27171e24c32720bc96e167f93e40b02d. Acesso em: 02 abr. 2025.

PIETRAFESA, J.P.; STECKELBERG, T. B.; PIETRAFESA, P. A. Internacionalização do setor sucroenergético brasileiro e suas consequências em Goiás. *Revista Campo-Território*, Uberlândia, v. 11, n. 22. Abr. 2016. Disponível em: https://seer.ufu.br/index.php/campoterritorio/article/view/31155. Acesso em: 5 mar. 2025.

PIGOU. A. C. *La economía del bienestar.* Madrid: M. Aguilar, 1946.

PINHEIRO, V. F.; FRANCA, A.; ALVES, C. L. B. Relações economia e natureza: a perspectiva neoclássica e o novo Paradigma da Economia Ecológica. *Espacio Abierto*, vol. *Cuaderno Venezoelano de Sociología.* 32, núm. 1, pp. 75-97, 2023.

PINTO, L. F. Jari. *Toda a verdade sobre o projeto Ludwig.* São Paulo: Marco Zero. 1986.

PITTA, F; T.; XAVIER, C.; NAVRRO, C.; MENDONÇA, M L. *Empresas Transnacionais e Produção de Agrocombustíveis no Brasil.* São Paulo: Outras Expressões, 2014. Disponível em: https://mst.org.br/download/empresas-transnacionais-e-producao-de-agrocombustiveis-no-brasil/. Acesso em 01 mar. 2025.

PORTER, M. E. *The Competitive Advantage of Nations.* New York: Free Press, 1998.

PORTO-GONÇALVES, C. W. *Os (des)caminhos do meio ambiente.* São Paulo: Contexto, 2001.

PORTO-GONÇALVES, C. W. *A globalização da natureza, e a natureza da globalização.* Rio de Janeiro: Civilização brasileira, 2006.

PORTO-GONÇALVES, C. *Ou inventamos ou erramos: encruzilhadas da integração regional Sul-americana.* Governança Global e Integração da América do Sul. IPEA/PNPD. 2011.

PRESSINOT, F. Número de fusões e aquisições de empresas do agro tem alta de 125%. *Nova cana.* 10 dez. 2024. Disponível em: www.novacana.com/noticias/numero-fusoes-aquisicoes-empresas-agro-alta-125. Acesso em: 01 mar. 2025

PRIMAVESI, A. M. *Manejo Ecológico do Solo:* a agricultura em regiões tropicais. São Paulo: Nobel, 2002.

PROGRAMA DAS NAÇÕES UNIDAS PARA O MEIO AMBIENTE (PNUMA). *Caminhos para o Desenvolvimento Sustentável e a Erradicação da Pobreza.* 2011. Disponível em: www.unep.org/greeneconomy. Acesso em: 20 mar. 2025.

QIU, M.; CHEN, D.; KELP, M., LI, J.; HUANG, G.; YAZDI, M. The rising threats of wildland-urban interface fires in the era of climate change: The Los Angeles 2025 fires. *The Innovation*, 2025. Disponível em: www.sciencedirect.com/science/article/pii/S2666675825000384. Acesso em 10 fev. 2025.

RAMOS, G. C. D.; CORNETTA, A.; DIAZ, B. F. Cambio climático global, transformación agraria y soberanía alimentaria en América Latina. 1. ed. Buenos Aires: Clacso, 2014.

RAMOS, G. C. D.; ROMANO, S. M. Economía verde, fundaciones privadas y asistencia para "el desarrollo": una lectura desde América Latina. *In:* RAMOS, G. C. D. (coord.). *Economía verde.* Apuesta de continuidad del desarrollo desigual y el abuso de los bienes comunes. La Habana: Ruth Casa, 2013.

RIBEIRO, W.C. *A ordem ambiental internacional.* São Paulo: Contexto, 2001.

ROGERIOALMEIDAFURO. "FSC Internacional suspense certificação da Jari. A certificação correspondia ao maior plano de manejo florestal do mundo". Disponível em: http://rogerioalmeidafuro.blogspot.com.br/2015/12/fsc-internacional-suspense-certificacao.html. Acesso em 01 abr. 2025.

SAFATLE, A. Quando a ecologia e a economia falam a mesma língua. *Página 22.* 02 de out. São Paulo: GVces, 2015. Disponível em: http://www.p22on.com.br/2015/10/02/servicos-prestados-pela-natureza-quando-ecologia-e-economia-falam-a-mesma-lingua/. Acesso em: 30 mar. 2025.

SAITO, K. Marx and Engels: The intellectual relationship revisited from an ecological perspective. *Marx's Capital after 150 Years.* Routledge, 2019.

SAITO, K. *O ecossocialismo de Karl Marx.* São Paulo: Boitempo, 2021.

SALOMAO, M. Por milhões de dólares, índios vendem direitos sobre terras na Amazônia. *O Estado de S. Paulo*. 11 mar. 2012. Disponível em: http://www.estadao.com.br/noticias/geral,por-milhoes-de-dolares-indios-vendem-direitos-sobre-terras-na-amazonia-imp-,846820. Acesso em 30 mar. 2025.

SANDRONI, P. *Novíssimo dicionário de economia*. São Paulo: Best seller, 1999.

SANDRONI, P *Dicionário de Economia do Século XXI*. São Paulo: Record, 2005.

SANTANA, C. A. R. O MST *e a questão ambiental no transcurso da década de 1990: olhares, abordagens e perspectivas do Movimento*. Trabalho de Conclusão de Curso de Licenciatura em História. [Universidade Federal da Fronteira Sul – UFFS] 73 páginas, [quantas páginas tem o TCC], Erechim, 2024.

SANTOS, M. *Técnica Espaço Tempo*. Globalização e meio técnico-científico informacional. São Paulo: Hucitec, 1998.

SANTOS, M. *Por uma outra globalização*. Rio de Janeiro: Record, 2000.

SANTOS, M. *A natureza do espaço*. São Paulo: Edusp, 2004.

SANTOS, M., SEABRA, O. C. L., CARVALHO, M. DE, & LEITE, J. C. *Território e sociedade*: entrevista com Milton Santos. São Paulo: Editora Fundação Perseu Abramo. 2001.

SANTOS, D. O.; MELLO FILHO, M.S. Agro e finança: convergências no capitalismo brasileiro. *Le monde diplomatique*. 2 jun. 2021. Disponível em: https://diplomatique.org.br/agro-e-financa-convergencias-no-capitalismo-brasileiro-dominacao-financeira/. Acesso em 20 fev. 2025.

SASSEN, S. *Expulsões*. Brutalidade e complexidade na economia global. São Paulo: Paz & Terra, 2016.

SAUTCHUK, J.; CARVALHO, H. M. GUSMÃO, S.B. *Projeto Jari:* A invasão americana. São Paulo: Brasil Debates,1979.

SUZANO: Eletrobras e Suzano se unem para desenvolver mercado de produção de hidrogênio verde e combustíveis sintéticos. *Últimas notícias*. 07 mar. 2024. Disponível em: https://www.suzano.com.br/noticia/eletrobras-e-suzano-se-unem-para-desenvolver-mercado-de-producao-de-hidrogenio-verde-e-combustiveis-sinteticos. Acesso em 10 mar. 2025.

SCHUMPETER, J. *A teoria do desenvolvimento econômico*. São Paulo: Abril Cultural, 1982.

SINIMBÚ, F. Florestas públicas serão concedidas para gerar crédito de carbono. Agência Brasil. 03 mar. 2024. Disponível em: https://agenciabrasil.ebc.com.br/economia/noticia/2024-05/florestas-publicas-serao-concedidas-para-gerar-credito-de-carbono. Acesso em: 29 mar. 2025.

SISTEMA DE ESTIMATIVA DE EMISSÃO DE GASES ESTUFA (SEEG). *Estimativa de Emissões de Gases de Efeito Estufa dos Sistemas Alimentares no Brasil*. 2023. Disponível em: https://seeg.eco.br/wp-content/uploads/2024/07/SEEG-SISTEMAS-ALIMENTARES.pdf. Acesso em 18 jan. 2025.

SCHMIDT, A. *El concepto de naturaleza en Marx*. Madrid: Siglo XXI, 1976.

SCHUMPETER, J. *A teoria do desenvolvimento econômico*. São Paulo: Abril Cultural, 1982.

SETOR DE PRODUÇÃO, COOPERAÇÃO E MEIO AMBIENTE SPCMA. Plantar Árvores, Produzir Alimentos Saudáveis. *Cadernos de Agroecologia*, v. 01, 2020.

SILVA, M. L. de. A transformação das “florestas” plantadas em ativos financeiros e as Timber Investment Management Organizations (TIMOs) no Brasil. *Revista Mutirõ*. Folhetim de Geografias Agrárias do Sul, v. 4, n. 2, 2023. Disponível em: https://periodicos.ufpe.br/revistas/index.php/mutiro/article/view/258929>. Acesso em 20 mar. 2025.

SINIMBÚ, F. Florestas públicas serão concedidas para gerar crédito de carbono. *Agência Brasil*. 03 mar. 2024. Disponível em: https://agenciabrasil.ebc.com.br/economia/noticia/2024-05/florestas-publicas-serao-concedidas-para-gerar-credito-de-carbono. Acesso em: 29 mar. 2025.

SMIL, V. *Energy Transitions*. Global and National Perspectives. Santa Barbara: Praeger, 2016

SMITH, N.; O'KEEFE, P. Geography, Marx and the Concept of Nature. *Antipode*, vol. 12, Issue 2, pages 30-39, sep., 1980.

SMITH. N. *Uneven development*. Nature, Capital and the Production of Space. Oxford: Basil Blackwell, 1991.

SMITH. N. Nature at the Millenium. *In:* BRAUN, B.; CASTREE, N. *Remaking reality*. Nature at the millennium. Routledge: London and New York, 1998a.

SMITH. N. Antinomies of space and nature in Henri Lefebvre's The production of space. *In:* LIGHT, A; SMITH, J., M. *Philosophy and geography II*. New York: Rowman & Littlefield Publishers, 1998b.

SMITH. N. La naturaleza como estrategia de acumulación. *In:* HERRERA, L. M. G.; BEL, F. F. (orgs.) *Neil Smith*. Gentrificación urbana y desarrollo desigual. Barcelona: Icaria, 2015.

SMITH, N. J. H. *The Amazon River Forest:* A Natural History of Plants, Animals, and People. New York: Oxford University Press, 1999.

SOUTO, M. BRICS aprova declaração de Meio Ambiente com prioridades para COP 30. *COP30 Amazônia*. 04 abr. 2025. Disponível em: https://cop30.br/pt-br/noticias-da-cop30-amazonia/brics-aprova-declaracao-de-meio-ambiente-com-prioridades-para-cop-30. Acesso em: 04 abr. 2025.

STECKELBERG, T. B.; PIETRAFESA J.P. Estado da arte da internacionalização sucroenergética: 2001 a 2014. *REVISTA CIENTÍFIC@*. n. 1 v. 2 2015. Disponível em: https://core.ac.uk/download/pdf/234551817.pdf Acesso em: 05 mar. 2025.

STÉDILE, João Pedro (org.). *A questão agrária no Brasil:* o debate na década de 2000. São Paulo: Expressão Popular, 2013.

TARASIUK, K.; BIANCHI, P. Eucalipto que garante CO2 neutro da Aperam Bioenergia seria responsável por secar reservas. *Pública*. 07 jul. 2022. Disponível em: https://apublica.org/2022/07/eucalipto-que-garante-co2-neutro-da-aperam-bioenergia-seria-responsavel-por-secar-reservas/?utm_source=twitter&utm_medium=post&utm_campaign=aperam. Acesso em 20 mar. 2025.

TEEB. *The Economics of Ecosystems and Biodiversity: Mainstreaming the Economics of Nature: A Synthesis of the Approach, Conclusions and Recommendations of TEEB*. 2010. Disponível em: https://teebweb.org/publications/teeb-for/synthesis/. Acesso em 10 jan. 2025.

TRINDADE, E. O que são TIMOs florestais? *Mata Nativa*. 25 jan. 2022. Disponível em: https://matanativa.com.br/o-que-sao-timos-florestais/. Acesso em 29 mar. 2025.

UNIÃO DA INDÚSTRIA DE CANA-DE-AÇÚCAR E BIOENERGIA (UNICA). 2024. *Bioeletricidade em números*. Geração para a rede e *capacidade* instalada. mar. 2025.

VEIGA, J. E. da. O que é "tipping point"? *Valor*. 29 dez. 2023. Disponível em: www.zeeli.pro.br/331-tipping-point/. Acesso em: 20 mar. 2025.

VAN DIJK, A. I. J. M. *et al.* Global Water Monitor 2024, Summary Report. *Global Water Monitor Consortium*, 2025. Disponível em: www.globalwater.online. Acesso em: 10 fev. 2025.

VIDAL, J. Rich countries to pay energy giants to build new coal-fired power plants. UN's Clean Development Mechanism to use European carbon offset credits. *The Guardian*. 14 jul. 2010. Disponível em: www.guardian.co.uk/environment/2010/jul/14/un-carbon-offset-coal-plants. Acesso em: 07 jan. 2025.

VIGNA, L.; FRIEDRICH, J. 9 gráficos para entender as emissões per capita de gases de efeito estufa dos países. *WRI Brasil*. 03 mai. 2023. Disponível em: https://bit.ly/4f2to2X. Acesso em 21 out. 2024.

VIOLA, E. A participação do Brasil no Protocolo de Kyoto. *Carta Internacional*. Universidade de São Paulo, ano X, no. 107/108, jan./fev. 2002, p. 16-18.

VIOLA, E. A Evolução do Papel do Brasil no Regime Internacional de Mudança Climática e na Governabilidade Global. *Revista Cena Internacional*. n. 6, p. 2-25, jun. Brasília, 2004.

WEISSE, M. *et al. Forest Pulse:* The Latest on the World's Forests. World Resources Institute. 04 abr. 2024. Disponível em: https://gfr.wri.org/latest-analysis-deforestation-trends. Acesso em: 04 abr. 2025.

WENZEL, F.; CHRISTE, O. Títulos 'verdes' de Santander e UBS financiaram desmatadores e fazendeiros acusados de trabalho escravo no Brasil. *O Joio e O Trigo e Unearthed*. 17 out. 2023. Disponível em: https://ojoioeotrigo.com.br/2023/10/bancos-financiam-desmatadores/. Acesso em 15 fev. 2025.

WENZEL, F. Eucalipto ameaça biodiversidade na Mata Atlântica e no Pampa. *Mongabey*. 12 set. 2024. Disponível em: https://brasil.mongabay.com/2024/09/eucalipto-ameaca-biodiversidade-na-mata-atlantica-e-no-pampa/. Acesso em: 20 mar. 2025.

WYK, B. The China project. What is China's "double carbon" policy? *The China project*. 16 mai. 2022. Disponível em: https://thechinaproject.com/2022/05/16/what-is-chinas-double-carbon-policy/. Acesso em: 01 abr. 2025.

WORLD BANK. "Joint Multilateral Development Banks (MDBs) Statement for COP 29 – MDBs' Support to Implementing the Paris Agreement". Disponível em: https://thedocs.worldbank.org/en/doc/bedea9b0aeb98d9ca20d9140a208b9e1-0020012024/original/Joint-MDB-Statement-for-COP29.pdf. Acesso em 03 abr. 2025.

WORLD BANK GOUP. What You Need to Know About Country Climate and Development Reports. 13 jul. 2022. Disponível em: https://www.worldbank.org/en/news/feature/2022/07/13/what-you-need-to-know-about-country-climate-and-development-reports. Acesso em 03 abr. 2025.

WORLD BUSINESS COUNCIL FOR SUSTAINABLE DEVELOPMENT (WBCSD); RESOURCES INSTITUTE (WRI). *Protocolo de Gases com Efeito de Estufa*. Normas Corporativas de Transparência e Contabilização. 2008. Disponível em: https://ghgprotocol.org/sites/default/files/standards/ghg_protocol_portuguese.pdf. Acesso em 03 abr. 2025.

WORLD ECONOMIC FORUM (WEF). *Nature Risk Rising*: Why the Crisis Engulfing Nature Matters for Business and the Economy. jan. 2020. Disponível em: www.weforum.org/publications/nature-risk-rising-why-the-crisis-engulfing-nature-matters-for-business-and-the-economy/. Acesso em: 11 jan. 2025.

WORLD METEREOLOGICAL ORGANIZATION (WMO). State of the Climate in Latin America and the Caribbean 2023. *Climate Statement*. WMO-No. 1351. 08 mai. 2024. Disponível em: https://wmo.int/publication-series/state-of-climate-latin-america-and-caribbean-2023. Acesso em: 11 fev. 2025.

WORLD METEOROLOGICAL ORGANIZATION. *WMO confirms 2024 as warmest year on record at about 1.55 °C above pre-industrial level*. 10 jan. 2025. Disponível em: https://wmo.int/news/media-centre/wmo-confirms-2024-warmest-year-record-about-155degc-above-pre-industrial-level. Acesso em: 10 fev. 2025.

WORLD RAINFOREST MOVEMENT (WRM.). *Neocolonialismo na Amazônia*: Projetos REDD em Portel, Brasil. 2022. Disponível em: www.wrm.org.uy/sites/default/files/2022-11/REDD_Portel_PT.pdf. Acesso em 18 jan. 2025.

WORLD RAINFOREST MOVEMENT (WRM.). Plantações de árvores para o mercado de carbono: mais injustiça para as comunidades e seus territórios. *Boletim do WRM*. n. 270, jun. 2024. Disponível em: www.wrm.org.uy/sites/default/files/bulletin-pdfs/B270_PT.pdf. Acesso em 20 mar. 2025.

ZEM, B. Comunidade do MST premiada por recuperar a Mata Atlântica conquista assentamento MST. 24 nov. 2022. Disponível em: https://mst.org.br/2022/11/24/comunidade-do-mst-premiada-por-recuperar-a-mata-atlantica-conquista-assentamento/. Acesso em 01 abr. 2025.